KB263922

# 중학생의
# 유전학은
# 다르다

《漫画遗传学: 从豌豆实验到精准医疗》(ISBN: 978-7-115-47120-8)

멘델부터 유전자가위까지,
그림으로 쉽게 배우는 생명과학 기초지식

# 중학생의 유전학은 다르다

완두 프로젝트팀 **지음** | 이신혜 **옮김**

블루
북스

# 차례



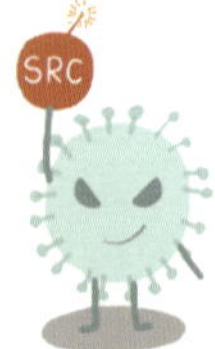

☞ *은 지은이주, ★은 옮긴이주다.
☞ 이 책에 쓰인 유전공학 관련 용어는 고등학교 교과서를 기본으로 따르되, 교과서에 없는 용어는
표준국어대사전 및 다양한 책을 참고했다.

# 한 알의 완두로
# 할 수 있는 일

150여 년 전,

과학과 식물 키우기에 푹 빠진 한 수도사가 있었어.

그는 8년 동안 완두를 키우며 유전학의 법칙을 정리했어.

멘델이라는 이름의 그 수도사를

우리는 현대 유전학의 아버지라고 부르지.

동화 〈공주와 완두〉 속 공주는, 담요 밑에 깔린 완두 한 알이 거슬려서 잠을 잘 수 없었어.

완두는 게임 속에서 좀비를 물리치는 전투 요원으로 변신하기도 하지.

〈칠보시(七步詩)〉
조식 지음

콩죽을 쑤려고 콩을 삶고,
남은 콩으로는 콩물을 짜내려 했네.
그런데 콩 줄기가 솥 아래서 펄펄 타자,
콩이 솥 안에서 눈물을 흘렸다네.
우리는 같은 뿌리에서 났는데,
왜 서로를 힘들게 하는가.

위나라의 왕 조비는 시인이자 자신의 동생인 조식에게 일곱 걸음을 걷는 동안 시를 짓지 못하면 사형에 처하겠다고 으름장을 놓았어. 조식은 완두를 주제로 시를 지어 목숨을 건졌어.

〈잭과 콩나무〉를 읽어 봤니? 잭은 완두 줄기를 타고 하늘로 올라가 거인의 황금알을 훔쳤지.

150년 전, 그레고어 멘델(Gregor Mendel)이라는 이름의 수도사가 있었어. 과학과 식물에 푹 빠진 잘생긴 남자였지.

멘델이 살던 시대의 사람들은 하얀 사람과 검은 사람 사이에서 회색 아기가 태어난다고 생각했어.

 +  = 

그리고 서로 다른 생물끼리 교배시키는 시도를 계속했어. 새로운 품종을 만들거나, 기존의 품종을 더 우수하게 개량*하는 데 그 목적이 있었지. 하지만 어떤 결과가 나올지 예측이 되지 않았어.

이런 현상에 큰 관심이 생긴 멘델은 자신만의 육종 실험을 하기로 마음먹었어. 그리고 2년이라는 긴 시간 동안 실험용 생물을 고른 끝에, 마침내 완두로 결정했지.

완두는 자가수분을 해. 자가수분이란 수술의 꽃가루가 같은 그루의 꽃에 있는 암술머리에 붙는 현상이야. 따라서 대대로 같은 품종을 유지하고** 인공적으로 다른 품종들끼리 교배시키기도 쉬워.

★ 이걸 어려운 말로 '육종'이라고 한다.
★★ 이렇게 다른 품종과 섞이지 않은 품종을 순종이라고 부른다.

멘델은 8년에 걸쳐 대략 33,500그루의 완두를 길렀어. 그리고 그동안 잘생긴 청년은 콩을 기르는 펑퍼짐한 아저씨가 되고 말았지.

이 세상의 모든 펑퍼짐한 아저씨들은 멋진 일을 하고도 일기장에 써놓을 뿐, 자랑하고 다니지 않아. 그래서 여기에 멘델의 일기장을 옮겨 올게.

# 멘델의 일기*

**1859년 5월 7일**

겉면이 반질반질한 완두와 쪼글쪼글한 완두를 교배했다.
주님의 축복으로 실험이 성공하기를 바란다.

**1859년 8월 7일**

당황스럽다. 왜 전부 반질반질한 완두지?
쪼글쪼글한 완두는 어디 간 거야?
도대체 어디로 사라졌을까?

*사실 이 일기는 멘델의 논문을 바탕으로 완두 프로젝트팀이 꾸며낸 거야.

**1860년 5월 7일**

쪼글쪼글한 완두가 사라진 사건에 대해 몇 달 동안 고민했지만 도저히 실마리를 찾을 수가 없었다.

이제 어떻게 하지? 일단 반질반질한 완두를 전부 다시 심고, 어떤 모양의 완두가 나오는지 지켜봐야겠다.

**1861년 9월 7일**

올해는 완두 농사가 잘되지 않았다. 가장 끔찍한 점은, 내가 완두 모양을 정리하고 기록하기도 전에 요리사가 완두를 전부 수프로 만들어 버렸다는 사실이다. 그 요리사의 엉덩이를 힘껏 걷어차 줄 테다!

**1862년 8월 7일**

분명히 반질반질한 완두만 심었는데, 쭈글쭈글한 완두가 자라났다. 쭈글쭈글한 완두는 사라진 게 아니라, 반질반질한 모습 아래에 감춰져 있었던 게 아닐까?

**1862년 9월 7일**

완두가 대풍년이다! 수확한 완두를 세는 데만 한 달이 걸렸다. 그런데 겉면이 반질반질한 완두와, 겉면이 쪼글쪼글한 완두의 수가 3:1의 비율에 가깝다는 사실을 발견했다. 왜 이런 비율이 나왔지?

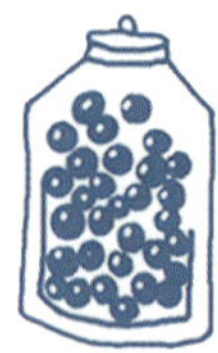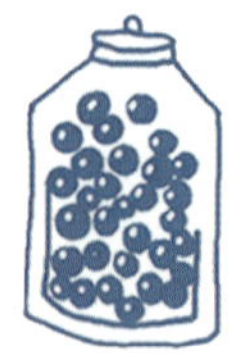

**1864년 8월 7일**

오랜 기간 동안, 서로 다른 형질*을 가진 여러 완두를 여러 차례 교배시켜 보았다. 그리고 순종끼리 교배시켜서 자라난 다음 세대의 완두에는 둘 중 하나의 형질만 나타난다는 사실을 발견했다.

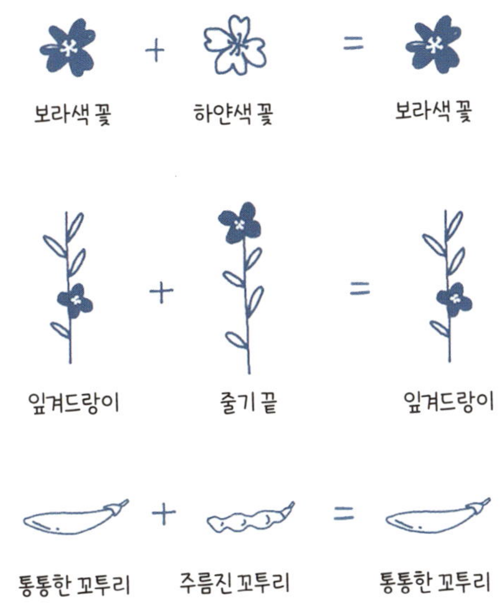


★ **형질** 줄기의 모양이나 꽃잎 색깔과 같이 생물이 가지고 있는 고유한 특징을 말한다.

## 멘델의 생각

**1** 완두 안에는 완두의 형질을 결정하는 물질이 있고 이는 자손에게 전해진다. 즉, 유전된다. 이 물질을 '유전인자'라고 하겠다.

**2** 완두의 체세포 속 유전인자는 짝을 지어 나타난다. 교배 후 만들어진 첫 세대의 완두에서는, 둘 중 하나의 유전인자가 만들어내는 형질만 나타난다. 보라색 꽃, 잎겨드랑이에 달리는 꽃, 통통한 콩 꼬투리가 그렇다. 이렇게 겉으로 드러나는 특징을 우성 형질이라고 부르자.
한편 다른 특징을 결정하는 유전인자는 감춰져 드러나지 않는다. 흰색 꽃, 줄기 끝에 달리는 꽃, 주름진 콩 꼬투리 같은 형질이 그렇다. 이렇게 드러나지 않은 특징을 열성 형질이라고 부르자.

### ········ 여기서부터 멘델의 추리가 시작됩니다 ········

겉면을 반질반질하게 하는 유전인자를 A라 하고, 겉면을 쪼글쪼글하게 하는 유전인자를 a라 하자. 그렇다면 가장 처음 심었던 겉면이 반질반질한 완두에는 유전인자 AA가 있고, 겉면이 쪼글쪼글한 완두에는 유전인자 aa가 있는 셈이다.

이 둘을 교배하면 한 쌍의 유전인자(AA 또는 aa) 중 한 개(A 또는 a)가 무작위로 선택

된다. 그러면 다음 세대 완두의 유전인자는 모두 Aa가 된다.

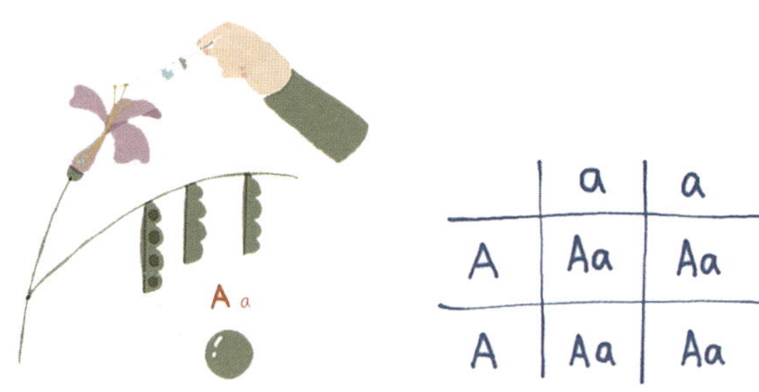

다음 세대(Aa)가 만들어낸 완두는 모두 겉면이 반질반질하다. 따라서 A는 그 특징을 밖으로 보여주는 우성이다. 쪼글쪼글한 특징은 숨겨져 보이지 않으니, 이 특징을 결정하는 a 는 열성이다.

겉면이 반질반질한 완두(Aa)가 자라난 후, 스스로 꽃가루를 묻혀 교배하는 자가수분 을 하게 되면 유전인자는 다시 무작위로 조합된다.

유전인자의 비율을 따지면 AA:Aa:aa=1:2:1이다. 그렇다면 겉면이 반질반질한 완두(AA와 Aa)와 겉면이 쪼글쪼글한 완두(aa)의 비율은, 정확히 3:1이다. 이는 내가 과거에 관찰한 결과와 같다!

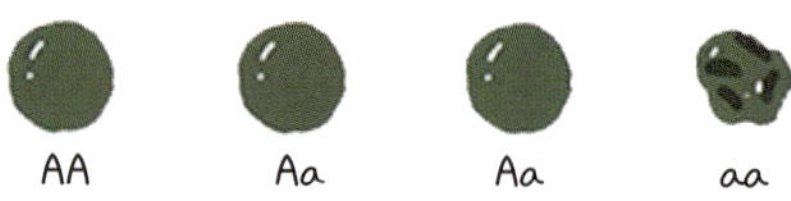


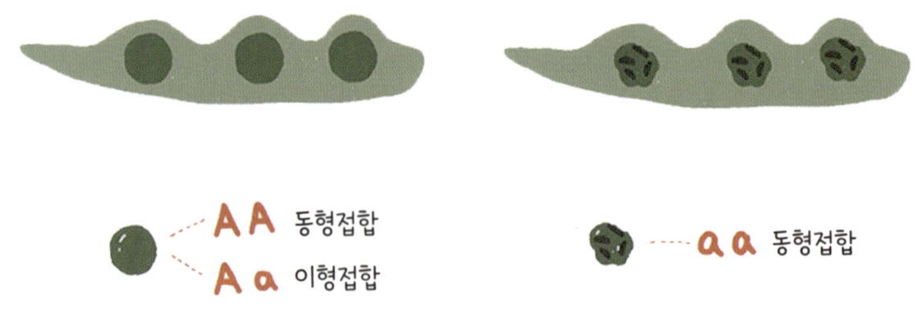


만약 완두에 두 개의 AA 또는 aa라는 똑같은 유전인자가 짝을 이루고 있다면 이를 동형접합이라고 하자. Aa처럼 서로 다른 유전인자가 짝을 이루고 있다면 이를 이형접합이라고 부르기로 하자.



멘델의 이 귀중한 발견에는 훗날 '유전학의 제1법칙'과 '유전학의 제2법칙'이라는 이름이 붙었어. 자그마한 완두가 현대 유전학의 문을 연 셈이야.

# 과학자의 해설

지구상의 물질은 풍부하고 다채로운 것처럼 보이지만 사실 인간의 생존에 도움이 되는 물질은 손에 꼽을 정도로 적습니다. 다행히도 밀, 옥수수 그리고 콩과 같은 작물을 손에 넣게 된 후부터 우리의 조상은 생존과 번식을 위해 많은 물질이 필요하지 않게 되었지요.

이와 마찬가지로 세상을 뒤흔들 만큼 놀라운 과학자의 연구 성과도 대부분 단순하고 적절한 모델 몇 가지를 바탕으로 탄생했는데, 생물학에서는 완두와 같은 '모델 생물(Model Organism)'이 그 역할을 했답니다.

현명한 멘델은 수도원 마당에서 완두를 기르고 연구하여 후손에게 유전자를 물려주기 위해 생명체가 따르는 생명 세계의 과학 법칙(멘델의 유전 법칙)을 우리에게 알려 주었습니다. 지혜로운 토머스 모건(Thomas Morgan)은 흰색 눈을 가진 수컷 초파리를 번뜩이는 혜안으로 '발견'했고, 이 초파리를 모델 생물로 이용한 실험을 진행했습니다. 그리고 마침내 염색체라는 것이 유전자를 운반하는 매개체라는 사실을 밝혀 노벨상을 타면서 '초파리 노벨상'의 시작을 알렸어요. 이후 초파리 연구를 바탕으로 노벨상을 받은 경우만 여섯 번이나 되었거든요.

이 생생하면서도 간단명료한 글을 읽고 난 우리 친구들은 이제 '콩 심은 데 콩 나고, 팥 심은 데 팥 난다'라는 속담이나 '한 어머니에게서 태어난 형제·자매라도 성격은 제각각이다'라는 말에 담긴 과학 법칙을 설명할 수 있게 될 겁니다.

과학은 언제나 호기심에서부터 출발합니다. 영국의 생물학자 찰스 다윈(Charles Darwin)은 새알을 만지며 관찰하기를 좋아했지만, 어미 새가 외롭고 슬퍼질 것을 걱정해 절대로 새 알을 가져가지는 않았습니다. 그렇게 새 알을 관찰하며 생긴 호기심을 바탕으로 다윈은 생물의 유전과 진화를 탐구하게 되었지요. 원자설을 발표해 근대 원자론의 창시자가 된 영국의 화학자 존 돌턴(John Dalton)은 자신이 색맹이라는 사실에 호기심을 느껴 색맹의 유전성을 밝혀냈고, 잘 익은 사과가 떨어지는 이유가 궁금했던 영국의 과학자 아이작 뉴턴(Isaac Newton)은 후일 만유인력의 법칙을 발견했습니다. 아랍의 옛이야기 〈알리바바와 40인의 도둑〉에는 '열려라 참깨' 주문 하나만으로 신비한 보물이 가득한 세상으로 향하는 문을 여는 장면이 나옵니다. 〈한 알의 완두로 할 수 있는 일〉이라는 이 글도 자그마한 완두라는 주인공을 통해 생물과 자연의 법칙에 대한 궁금증을 불러일으켜 과학을 탐구하고자 하는 열정을 가지게 한다는 점에서 '열려라 참깨'와 같은 역할을 톡톡히 해냈군요.

량첸진(梁前進)
베이징사범대학교 생명과학대학 유전·발육과 주임(부소장), 교수

# 안티 팬의
# 팬클럽 가입 사건

멘델이 논문을 발표한 바로 그해에

미국에서는 유전학자 토머스 모건이 태어났어.

사실 모건은, 멘델의 이론을 포함한 3대 유전학 이론을 믿지 않았고

실험으로 그 이론들이 전부 엉터리임을 증명하려 했지.

그런데…!

1866년, 멘델이 완두 실험 논문을 발표한 바로 그 해에 토머스 모건이라는 아기가 태어났지.

어른이 된 모건은 실험이 가장 중요하다고 믿는 생물학자가 되었어. 그리고 모건은 실험을 통해 다음의 3대 유전학 이론이 전부 엉터리라는 것을 증명하려 했어.

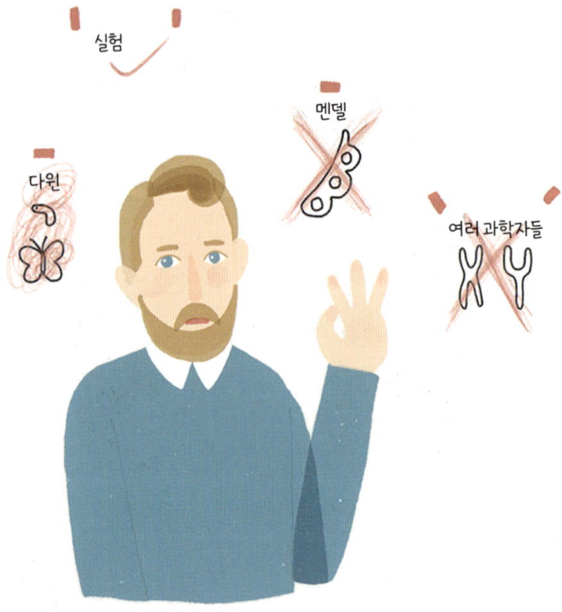

**1** 반대한다, 다윈의 자연선택! (환경에 맞는 형질을 가진 생물이 살아남아 자손을 남긴다는 이론)

**2** 반대한다, 멘델의 유전 법칙! (1장에서 살펴봤음)

**3** 반대한다, 여러 과학자들의 염색체 유전설! (유전자*가 다름 아닌 세포 속 염색체라는 이론)

모건은 원래 생쥐와 비둘기로 실험했지만, 실험 결과가 제각각이라 도통 결론을 내릴 수가 없었어.

그래서 그는 1908년부터 초파리를 실험 대상으로 삼아 연구하기 시작했어. 이유는 다음과 같아.

★ 유전자(Gene)라는 용어는 1911년에 덴마크의 과학자 빌헬름 요한센이 처음으로 사용했다. 이후 유전인자를 유전자라고 부르게 된다.

### 장점1 키우기 쉽다

파리방(Fly Room)으로 불렸던 모건의 연구실 환경은 아주 소박했어.

### 장점2 성별을 구별하기 쉽다

몸길이가 3~4밀리미터인 초파리는 육안으로도 쉽게 성별을 구별할 수 있어.

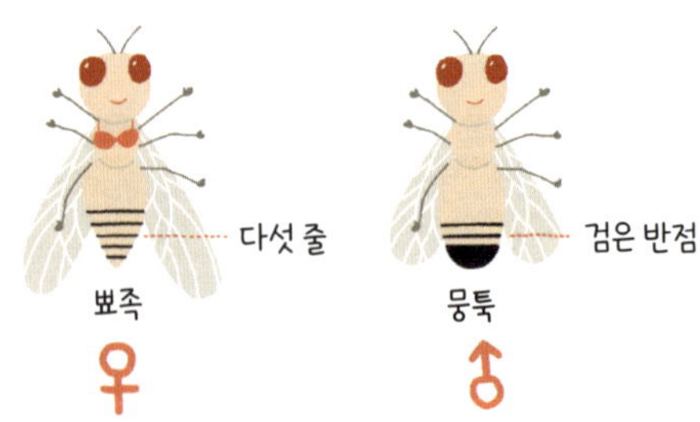


### 장점3 번식 속도가 빠르다

초파리는 섭씨 25도의 환경에서 열흘이면 한 세대가 번식하고, 매번 수백 개의 알을 낳아.

25℃ + 10일

멘델이 완두 중에서 실험 대상을 고르는 데 공을 들였듯이, 모건도 남들과는 다른 특별한 초파리를 찾고 싶었어. 이 때문에 불쌍한 초파리들은 방사선을 쬐고, 다양한 온도에 노출되고, 산성·염기성 환경에서 지내고, 잠도 못 자는 등 다양한 '고문'을 당해야 했지. 이렇게 2년 동안이나 애썼지만, 모건은 아무 성과도 얻지 못했어.

Mr. Right

그러던 1910년의 어느 날, 붉은 눈의 초파리 가운데서 보기 드문 흰색 눈을 지닌 수컷 초파리를 발견한 거야! 모건은 뛸 듯이 기뻐했어. 그리고 모건은 이 '흰색 눈의 왕자님'을 보물처럼 애지중지 키웠지.

그렇게 세심한 보호를 받으며 자라난 흰색 눈의 수컷 초파리는, 붉은색 눈의 암컷 초파리와의 짝짓기라는 역사적 임무를 마친 후 홀연히 세상을 떠났어.

흰색 눈의 수컷 초파리와 붉은색 눈의 암컷 초파리의 후손은 모두 붉은색 눈이었어. 붉은색 눈이 흰색 눈에 대해 우성 형질이라는 뜻이지. 어라? 멘델의 실험과 똑같은 결과네.

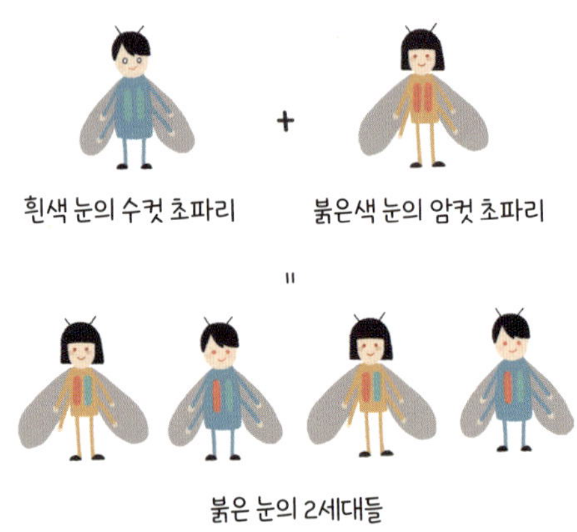



놀란 모건은 2세대들끼리 짝짓기를 하게 만들었어.

3세대에서는 흰색 눈의 초파리와 붉은색 눈의 초파리가 1:3의 비율로 다시 나타났지. 그런데 1:3이라는 이 숫자, 반갑고 익숙하지 않니? 멘델의 완두 실험 결과와 똑같잖아!

모건은 '멘델의 1:3 비율이란 고급 묘기다.'라고 비판한 글을 발표한 적이 있어. 그런데 자신의 실험 결과가 멘델이 옳다는 것을 증명하게 될 줄이야! 마음은 아팠지만, 실험을 가장 중요하게 생각하는 청년 모건은 노선생 멘델에 대한 편견을 당장 버리고 멘델의 '안티 팬'에서 '빅 팬'이 되었지.

그리고 놀랍고 기쁘게도, 모건은 멘델이 발견하지 못한 새로운 점을 발견했어. 3세대 초파리 중 흰색 눈을 가진 초파리가 모두 수컷이라는 점이었지!

'흰색 눈의 왕자님'을 찾아낸 이후부터 모건에게 계속 행운이 따랐고, 초파리의 다양한 특징(형질)을 발견했어. 그중에서도 '흰색 눈'과 '작은 날개'라는 특징이 모두 성별과 깊은 관련이 있다는 점을 알아냈지.

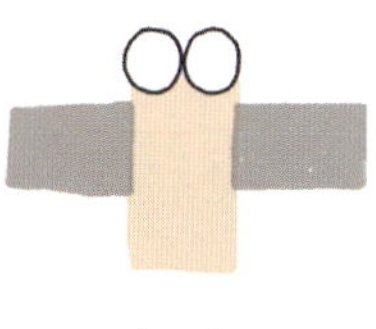

흰색 눈

작은 날개

**관찰 결과를 토대로 모건이 세운 세 가지 가설**

**1** 어떤 특징(여기서는 흰색 눈과 작은 날개)은 성별과 연관되어 있다.
**2** 이 특징을 결정하는 유전자는 성염색체에 있을 가능성이 있다.
**3** 다른 유전자들은 다른 염색체에 있을 가능성이 있다.

스스로 체면 구기는 재주가 있는 모건은, 자신이 내세운 가설과 반대되는 이론이 사실은 옳았다는 것을 또다시 실험으로 증명하고야 말았어. 염색체가 유전자를 운반하는 전달체라는 점을 밝혀낸 거야.

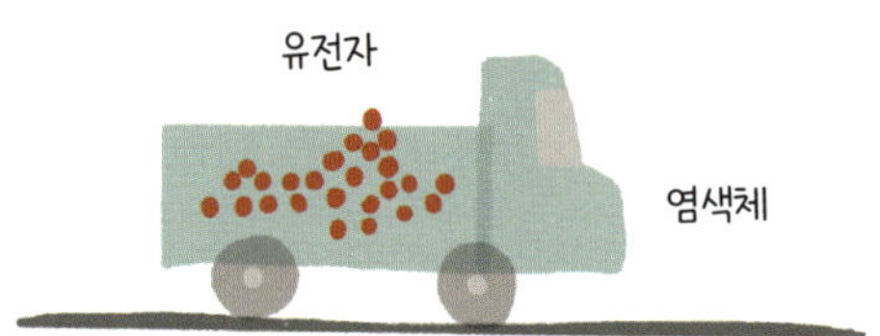


## 염색체는 이렇게 발견되었다

1879년에 독일 생물학자 발터 플레밍(Walther Flemming)은 세포의 구조를 관찰하기 위해 염료를 사용해 세포를 물들였는데, 세포핵 속에 실처럼 생긴 물질과 작은 입자 형태의 물질이 있다는 것을 발견했지. 플레밍은 이것들에 '염색질

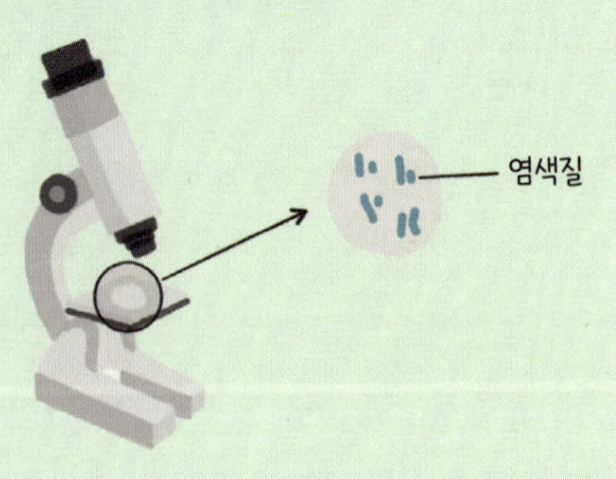


(chromatin)'이라는 이름을 붙였어. 잘 염색되는 물질이라는 뜻이야.

1888년에 독일 해부학자 하인리히 발다이어(Heinrich Waldeyer)가 이 물질의 이름을 '염색체(chromosome)'로 바꿨고, 이 이름이 지금까지도 사용되고 있어.

1903년에는 미국 생물학자 월터 서턴(Walter Sutton)과 독일 생물학자 테오도어 보베리(Theodor Boveri)가 염색체 이론을 세상에 선보였어. 멘델이 생각한 유전자가 염색체에 존재한다는 거였지.

모건은 유전자가 서로 연결되어 유전된다는 가설을 세웠고, 이를 증명하기 위해 새로운 실험을 고안했어. 흰색 눈과 작은 날개를 가진 초파리와, 붉은색 눈과 큰 날개를 가진 초파리를 교배하는 실험이었어.

만약 눈 색깔과 날개 크기를 결정하는 유전자가 같은 염색체에 있다면, 두 쌍의 특징은 다음 세대에 동시에 유전되어야 하지. 다시 말해 흰색 눈 + 작은 날개 특성과, 붉은색 눈 + 큰 날개 특성이 서로 쌍을 이루어 다음 세대에 그대로 나타나야 해.

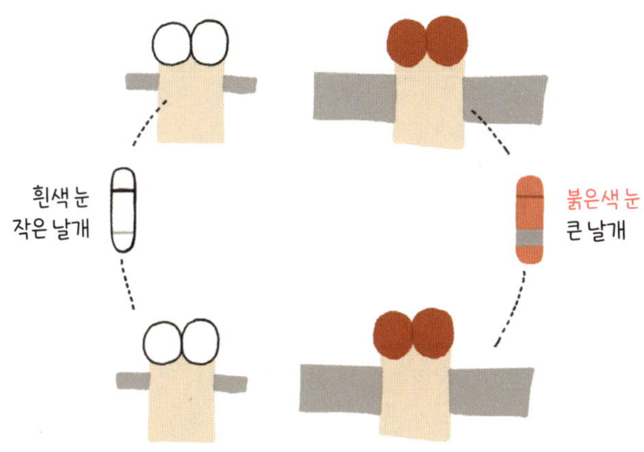


그런데 전혀 생각지도 못한 일이 벌어졌어. 흰색 눈 + 큰 날개를 가진 초파리, 붉은색 눈 + 작은 날개를 가진 초파리가 다음 세대

중에 나타난 거야. 그렇다면 유전자가 서로 연결되어 유전된다는 설명이 틀린 건가?

놀란 마음을 추스른 모건은 대담한 가설을 주장했어. 염색체 안에 있는 어떤 물질이 서로 섞이면서 염색체 간 '유전자 교환'이 일어났을 수도 있다는 가설이었지.

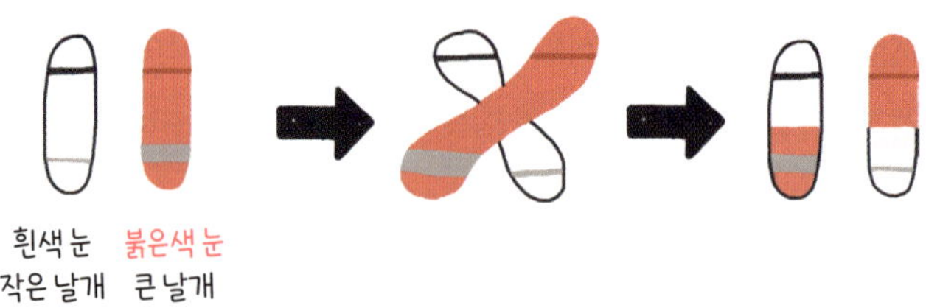



그리고 서로 멀리 떨어진 유전자들은 교환이 일어날 확률이 높고(즉 둘이 분리되어 유전됨), 거리가 가까운 유전자들은 교환이 일어날 가능성이 낮다고(즉 둘이 같이 유전됨) 생각했어.

유전자의 교환 확률을 계산한 끝에, 모건은 초파리가 가진 네 가닥의 염색체에 400개 이상의 유전자가 있다는 것을 알아내고 최초의 염색체 지도를 그렸어.

모건의 이 발견을 기념하기 위해 후대 사람들은 유전자 간의 거리를 나타내는 단위의 이름을 '센티모건'이라고 부르기로 했어. 그의 이름은 영원히 세상에 남게 되었지.

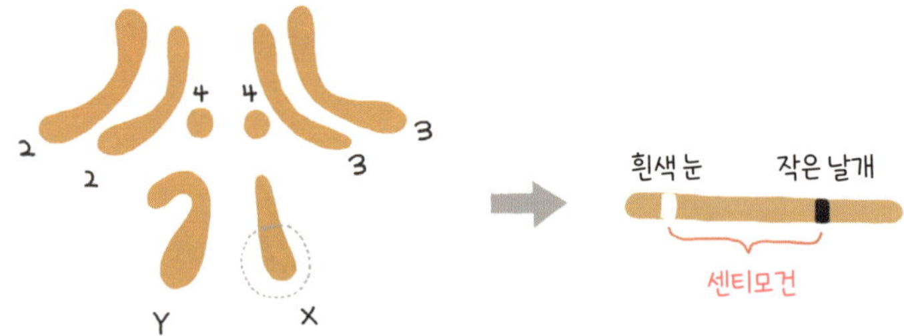

1926년에 모건은 《유전자 이론(The Theory Of The Gene)》이라는 책을 통해 염색체에서 유전을 조절하는 요소가 유전자라는 사실을 세상에 알렸어. 그리고 이 책은 후대에 '유전학의 성서'가 되었지.

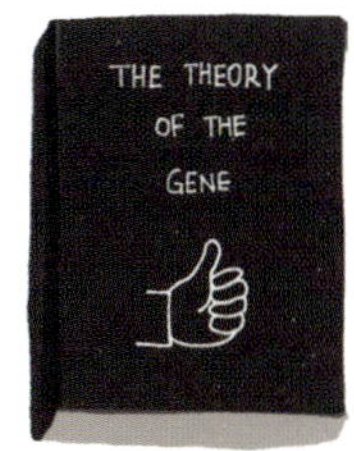


모건은 자신이 믿지 않았던 이론들을 스스로 뒤집어 버리고, 실험으로 증명하고 더 발전시켰어. 그리고 1933년에 모건은 노벨생리의학상을 받았지.

# 과학자의 해설

초파리의 학명인 Drosophila의 어원은 그리스어로 '새벽을 사랑하는 자'라는 뜻입니다. 1910년에 흰색 눈 초파리를 최초로 발견한 미국 과학자 모건은 이후 초파리 연구로 유전학의 '염색체 이론'을 확립했고, 1933년에는 노벨생리의학상을 받았지요. 몸길이가 4밀리미터도 채 되지 않는 초파리가 가진 유전자 중 60퍼센트는 인간에게 질병을 일으키는 유전자와 비슷합니다. 그래서 병에 걸린 초파리는 사람이 병에 걸렸을 때와 비슷한 증상을 보이지요. 이러한 특성을 지닌 초파리는 번식을 많이 하고, 빨리 자라고, 사육 환경이 단순해서 유전학의 모델 생물로 아주 적합합니다.

이번 장에서는 초파리를 유전학의 모델 생물로 자리 잡게 한 핵심적인 실험 과정을 설명했습니다. 또 모건이 '실험 지상주의'의 비판적인 청년에서 조금씩 '초파리의 아버지'로 변해 가는 성장 과정도 보여 주었지요. 모건의 위대한 작업 덕분에 초파리는 지금도 여전히 전 세계 실험실에서 자라고 있으며, 인간의 여러 질병을 연구하는 데 사용되고 있습니다. 저와 학생들도 뇌의 신경세포가 손상되어 움직임이 어려워지는 파킨슨병, 뇌 조직에 문제가 생겨 인지기능이 점차 떨어지는 알츠하이머병, 유전성 뇌 질환으로 팔다리가 마음대로 움직이는 헌팅턴병, 척수나 소뇌가 점차 줄어들어 움직임이 어려워지는 척수소뇌변성증과 같은 인간의 질병을 치료할 수 있는 실마리를 자그마한 초파리 속에서 찾으려고 노력하는 중입니다.

천하오란(陳浩然) 박사<br>
홍콩중문대학교 생명과학대학 교수, 초파리연구실험실 책임자

# 생명에 가장 중요한
# 세 개의 글자

DNA는 생명에서 가장 중요한 세 개의 글자야.
20세기 초, 세 팀의 과학자들은 각각 기발한 실험으로
DNA가 모든 생물체의 세포와 수많은 바이러스의
유전물질이라는 점을 마침내 증명해 냈어.

앞쪽에서 파란 글자만 읽어 봐. 생명에 가장 중요한 세 개의 글자가 보이니? 바로 오늘 이야기의 주인공인 DNA야.

DNA의 존재가 발견되기 전부터 사람들은 염색체와 유전자에 관한 다양한 지식을 습득하고 있었어. 멘델과 모건 같은 여러 유전학자들의 연구 덕분이지.

**1** 세포가 분열할 때, 염색체도 복제되어 분열된다. 따라서 분열이 끝난 직후의 세포인 딸세포는, 분열하기 전의 세포인 모세포와 완전히 똑같은 염색체를 갖는다.

**2** 같은 종의 생물 세포는 기본적으로 일정한 수의 염색체를 가진다. 예를 들어 초파리 세포 속 염색체의 수는 4쌍이다.

**3** 염색체는 유전자(유전정보)를 전달한다.

하지만 이러한 사실만으로는 부족했어. 사람들은 유전정보를 담고 있는 유전물질을 찾고 싶어 했지. 그렇지만 단서가 너무 적고 이곳저곳에 흩어져 있어 그 정체를 밝히기 어려웠어.

1869년에 스위스 생화학자 요한 프리드리히 미셰르(Johann Friedrich Miescher)는 세포의 핵 속에서 약한 산성(Acid)을 지닌 새로운 물질을 발견했어.

약한 산성 물질
(완두 씨의 속마음: 약한 산성? 먹는 건가? 레몬, 라임, 산딸기!)

이후 세포에서 발견한 약한 산성 물질은 'Deoxyribo nucleic Acid(줄여서 DNA)', 우리말로 '디옥시라이보 핵산'이라는 이름을 갖게 되었지.

그리고 1929년에는 미국 생화학자 피버스 레빈(Phoebus Levene)이 DNA는 디옥시라이보스(Deoxyribose), 인산기, 그리고 염기로 구성되어 있다는 사실을 밝혀냈어. 이와 같은 DNA의 기본 단위체를 '뉴클레오타이드'라고 해.

DNA의 생김새를 알아낸 후에도 이게 무엇에 쓰는 물질인지는 알아내지 못했어. 그러다가, 세 팀의 과학자가 각기 다른 세 개의 실험을 한 끝에 DNA의 쓸모가 밝혀졌어.

## 1 호 실험

1928년에 프레드릭 그리피스(Frederick Griffith)라는 영국 의사는 두 종류의 폐렴 쌍구균을 생쥐에게 주사했어. 폐렴 쌍구균은 크기가 크고 폐렴을 일으키는 S형균과, 크기가 작고 폐렴을 일으키지 않는 R형균으로 나뉘지.

**1** S형균(폐렴을 일으킴💀)을 주사했더니 생쥐는 저세상으로 떠나 버렸어.

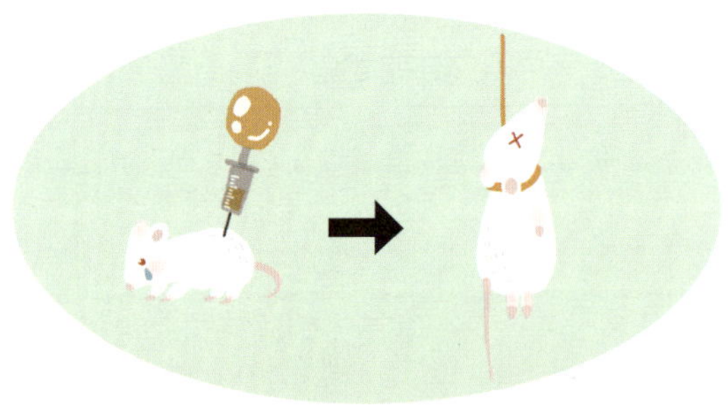

**2** R형균(폐렴을 일으키지 않음)을 주사했더니 생쥐는 생생하게 움직였어.

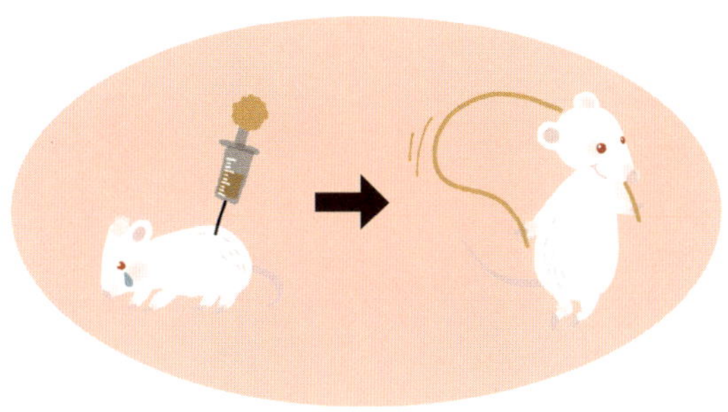

**3** 높은 온도에서 균을 죽이는 '멸균 처리'를 거친 S형균(당연히 폐렴을 일으
키지 못함)을 주사했더니 생쥐는 생생하게 움직였어.

**4** R형균과, 멸균 처리한 S형균을 한꺼번에 주사했더니 생쥐는 저세상으로
가 버렸어. (엥?)

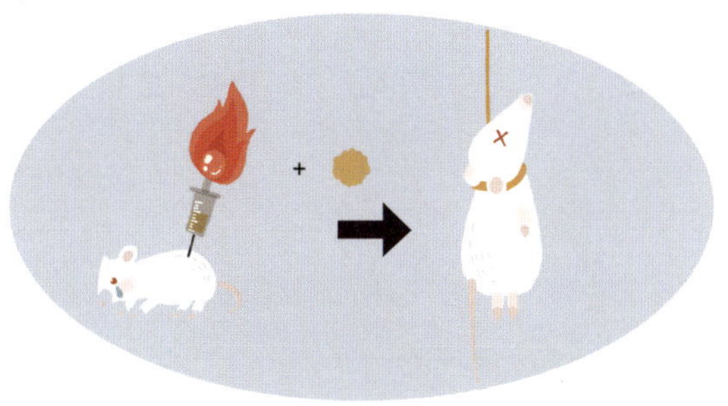

자 그럼, 이제 우리 같이 추리해 보자.

어떤 물질이 무해한 R형균을 치명적인 S형균으로 바꿔 버린 거야. 그리고 그 물질은 높은 온도에서 멸균 처리한 S형균 속에 있어.

▶ **결론:** 알 수 없는 물질이 무해한 세균을 치명적인 세균으로 바꿨다.

# 2 호 실험

1944년, 세 명의 과학자는 그리피스의 실험을 더 정교하게 설계하여 진행했어. 멸균 처리한 S형균 속 어떤 물질이 무해한 R형균을 치명적인 세균으로 바꾸는지* 알아내기 위해서였지.

고온에서 멸균 처리한 S형균은 DNA, 단백질, 그리고 RNA로 구성되어 있어.

★ 이를 어려운 용어로 형질 전환이라고 한다.

**1** 단백질을 파괴하는 효소를 넣었더니 R형균의 변형 현상은 똑같이 나타났어.

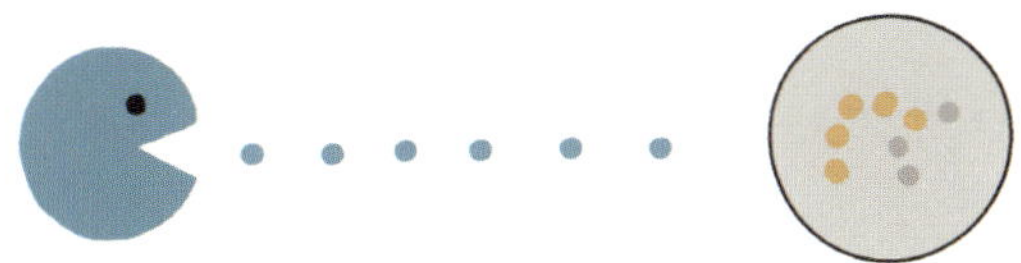

▶ **결론:** 단백질은 범인이 아니다.

**2** RNA를 파괴하는 효소를 넣었지만 R형균은 또 변형되었어.

▶ **결론:** RNA는 범인이 아니다.

**3** DNA를 분해하는 효소를 넣었더니 R형균 변형이 일어나지 않았어.

▶ **잡았다!** DNA가 세균의 형질을 전환하는 물질이다.

# 3 호 실험

1952년에 미국 생물학자 알프레드 허시(Alfred Hershey)와 마사 체이스(Martha Chase)는 바이러스의 유전물질을 찾는 실험을 진행했어.

**실험의 주인공:** 박테리오파지(Bacteriophage). 바이러스의 일종으로, 세균에 기생해. DNA와 단백질로만 구성된 단순한 구조.

**실험 방법:** 박테리오파지의 DNA와 단백질에 각각 다른 방사성 원소*를 붙인 후, 박테리오파지를 세균에 감염시켰어. 그리고 방사성 원소가 후손 박테리오파지의 어디에서 검출되는지 확인하는 거지.

★ **방사성 원소** 원자핵이 불안정하기 때문에 방사선을 방출하며 붕괴하는 원소를 말한다. 내뿜는 방사선 덕분에 잘 알아볼 수 있다. 때문에 실험에서 표지(다른 사물과 구별하여 알 수 있도록 한 표시나 특징)로 많이 활용된다.

**1** 방사성 인($^{32}$P)을 박테리오파지의 DNA에 표지로 달아 놓았더니, 세균을 감염시킨 후 만들어진 후손 박테리오파지에서 방사성 인이 검출되었어.

▶ **결론:** DNA는 바이러스의 유전물질이다.

**2** 방사성 황($^{35}$S)을 박테리오파지의 단백질에 표지로 달아 놓았더니, 세균을 감염시킨 후 만들어진 후손 박테리오파지에서 방사성 인이 검출되지 않았어.

▶ **결론:** 단백질은 바이러스의 유전물질이 아니다.

# 3호 실험은 이런 내용이다

박테리오파지가 아주 적극적으로 세균을 쫓아다녔어.

세균도 마음을 주었지.

그런데 세균에 이상한 모양의 무언가가 들어간 거야.

박테리오파지의 계략이 성공한 거지.

보라색은 방사성 인으로, 박테리오파지의 DNA에 있어. 한편 녹색은 방사성 황으로, 박테리오파지의 단백질에 있어.

그런데 박테리오파지의 후손 중에는 보라색을 달고 있는 박테리오파지만 있고, 녹색을 달고 있는 박테리오파지는 없어. 그렇다면 후손에게 전달된 것은 DNA겠네!

이후 과학자들은 다른 세균, 효모 또는 동식물의 세포로도 이 사실을 속속 증명해 냈어.

DNA란 세포로 이루어진 모든 생명체와, 많은 바이러스의 유전물질이야.

DNA란 세포로 이루어진 모든 생명체와, 많은 바이러스의 유전물질이야.

DNA란 세포로 이루어진 모든 생명체와, 많은 바이러스의 유전물질이야.

중요한 사실은 세 번씩 말해서 외우자!

# 과학자의 해설

오늘날에는 생물학 교육을 받은 사람이라면 누구나 DNA가 생물의 유전정보를 전달하는 물질이라는 사실을 알고 있습니다. DNA는 한 생명체를 만들어낼 수 있는 모든 정보를 담고 있는 길잡이입니다. 바로 이 점에 착안해 이 책은 DNA를 '생명에 가장 중요한 세 글자'라고 말합니다. DNA의 중요성을 생생하게 잘 반영한 제목입니다.

과학자들은 1869년부터 DNA가 존재한다는 사실을 알았습니다. 하지만 DNA의 생물학적 기능은 몰랐지요. 특히 생물체의 유전정보를 담고 있는 물질이 단백질인지, 아니면 DNA인지 오래도록 확실한 결론을 내지 못했습니다.

대부분의 과학자들은 단백질이 유전정보를 전달한다고 생각했어요. 단백질의 기본 구성이 DNA보다 훨씬 복잡하기 때문이지요. 하지만 이후 몇십 년이 흐르면서 더 많은 과학자의 실험으로 생물체의 유전정보가 DNA에 저장되어 있을 수도 있겠다고 서서히 밝혀지기 시작했지요. 이번 장에서는 DNA가 유전정보를 전달하는 물질이라는 점을 증명한 생명과학계의 고전 실험 몇 가지를 설명했지요. 이 실험들의 논리를 이해하면, 왜 DNA가 생물체의 유전정보를 담고 있는 물질인지를 알게 됩니다.

20세기 중반 이후가 되자 과학자들은 DNA의 구조와 DNA가 생물체의 수많은 유전정보를 저장하는 방법까지 정확하게 알게 되었고, 이 덕분에 현대분자생물학은 빠르게 발전할 수 있었답니다. 그리고 이제 DNA는 법의학 증거 수집, 친자 확인 검사, 출산 전 유전자검사 등 우리 삶 곳곳에 스며들어 있지요.

궈푸정(郭福政) 박사
캘리포니아대학교 데이비스캠퍼스 의과대학 조교수

# 눈 가리고
## 답 맞히기

반세기쯤 전, DNA 구조 해독을 놓고 생물학계에서
'국제 시합'이 벌어졌어. 총 세 팀이 참가했어.
한 팀은 노벨상을 두 차례나 수상한 경력의 과학자가 이끌었고,
또 한 팀은 분자생물학 전문가들이었지.
또 다른 한 팀은 괜히 와서 얼쩡거린다는 평가나 듣는
두 명의 문외한이었어.
그런데 뜻밖에도 문외한 팀이 승리를 거머쥐었어.
DNA 분자의 아름다운 이중나선구조를 문외한 팀이 발견했거든.

반세기쯤 전, 생물학계에서 DNA 구조 해독을 두고 '국제 시합'이 열린 적이 있다는 사실을 알고 있니? 눈을 가리고 올림픽 경기에 나가 시합을 하는 것만큼 아주 치열하고 어려운 국제 시합이었지.

뭘 이렇게까지 과장하냐고? 손에 쥔 단서가 너무 적어서 정말 어려웠거든!

### 첫 번째 단서

DNA는 여러 개의 염기를 가지고 있지만, 그 종류는 단 네 개밖에 없다. 그 종류는 아데닌(Adenine, 줄여서 A), 사이토신(Cytosine, 줄여서 C), 구아닌(Guanine, 줄여서 G), 타이민(Thymine, 줄여서 T). A(아데닌)와 T(타이민)의 양, G(구아닌)와 C(사이토신)의 양은 같다.

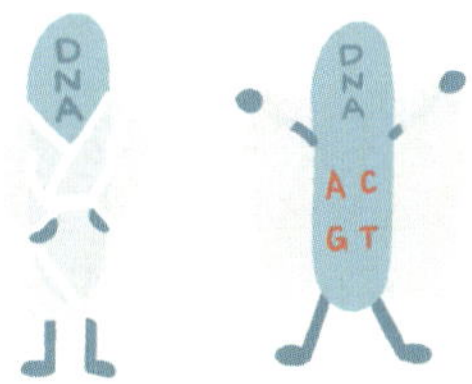

### 두 번째 단서

DNA 분자에는 당(디옥시라이보스)과 인산기로 구성된 '뼈대'가 있다.

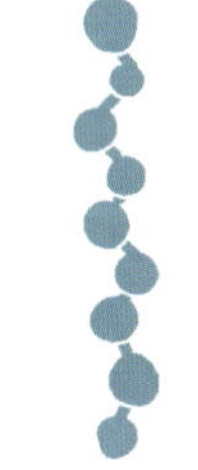

### 세 번째 단서

X선 결정법으로 찍은 DNA의 X선 회절 사진*에서는, DNA의 '뼈대'가 마치 둘둘 감겨 있는 전선처럼 보인다.

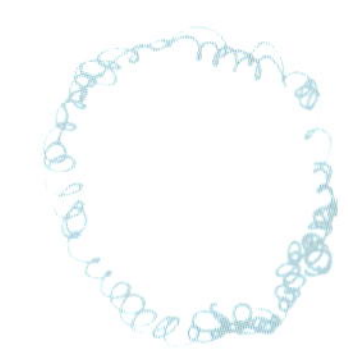

## 짜잔, 참가 선수 입장합니다.

**1번 선수** 미국 화학자 라이너스 폴링(Linus Carl Pauling)이 이끄는 팀이야. 노벨상을 두 번이나 받은* 이 거장은 DNA 구조가 삼중 또는 사중나선으로 이루어져 있다고 굳게 믿었어.

**2번 선수** 영국의 분자생물학자 모리스 윌킨스(Maurice H. F. Wilkins)가 이끄는 팀이야. 윌킨스는 DNA 분자 결정의 X선 회절 사진을 찍는 데 일가견이 있었지.

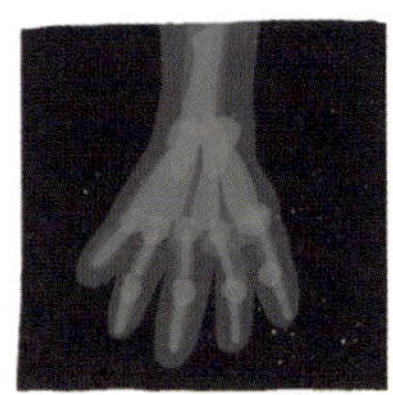

★ **X선 회절 사진** 어떤 고체(결정)에 X선을 쪼이면, 고체의 분자 구조에 의해 X선이 이리저리 굴절(회절)된다. 그렇게 굴절된 X선을 사진판에 받으면, 사진판에 결정의 분자 구조가 나타난다. 이 방법을 X선 결정법이라 하며, 그렇게 찍은 사진을 X선 회절 사진이라고 한다.
* 1954년에 노벨화학상을 받았고, 1962년에 반핵운동을 한 공로로 노벨평화상을 받았어.

**3번 선수** 괜히 어물쩍 끼어들었다는 소리를 듣던 문외한 팀이야. 동물학을 전공한 미국인 제임스 왓슨(James D. Watson)과 물리학을 전공한 영국인 프랜시스 크릭(Francis H. C. Crick)이야.

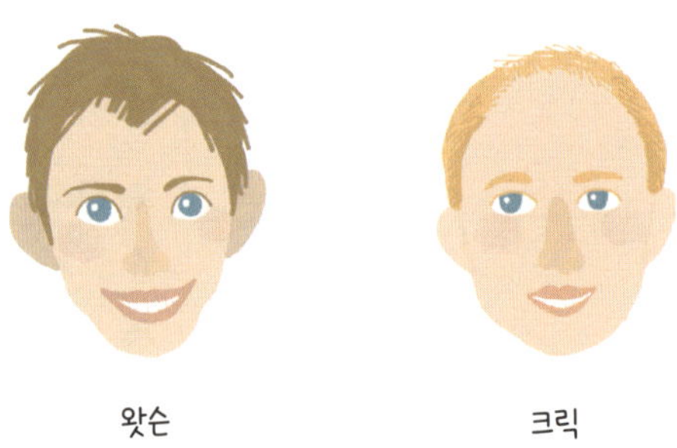

왓슨　　　　　　크릭

## 뒷이야기

지피지기면 백전불태. 적을 알고 나를 알면 백 번 싸워도 위태롭지 않으리라! 1번 선수 폴링은 대학원생 교류를 핑계로 삼아 자기 아들을 3번 선수팀에 비밀 요원으로 잠입시켰어.

그런데 누가 알았겠어? 폴링의 아들이 3번 선수팀 연구실에서 일하는 덴마크 아가씨의 마음을 얻는 방법만 열심히 연구하고, 아버지의 부탁을 새까맣게 잊어버릴 줄은.

아들은 아버지에게 돌아와서 이렇게 보고했어.

"왓슨이랑 크릭은 아무것도 찾지 못했어요. 역시 아빠가 최고예요!"

- - - - - - - - - - - - - - - - - - - - - - - - - - - - - - - - - - - - - - - - - - - - - - - - - - - - -

사실 왓슨과 크릭은 확실한 증거만 찾지 못했을 뿐이지, 이미 DNA가 이중 나선구조로 이루어져 있다는 사실을 어렴풋이 짐작하고 있었어.

그러던 와중에 1952년, 2번 선수팀 윌킨스의 연구실에서 일하던 여성 과학자 로절린드 프랭클린(Rosalind Franklin)은 DNA 구조를 알아볼 수 있는 X선 회절 사진을 성공적으로 찍었어.

이 한 장의 사진은 시합의 중요한 전환점이자, DNA의 구조를 해독하는 매우 중요한 단서가 되었어.

선명하고 완벽한 사진을 보고 싶었던 폴링은 미국에서 영국으로 날아가려고 했지만 출국을 금지당했어. 미국 정부가 폴링의 정치적 입장을 의심했기 때문이지.★

윌킨스는 재능 넘치는 동료가 찍은 엄청난 사진을 보았지만, 오히려 불쾌함을 느끼며 이를 대수롭지 않게 여기려 했지.

하지만 3번 선수팀은 달랐어. 이 사진을 윌킨스가 이들에게 보여주었는데, 이들은 여기에서 영감을 받아 DNA 구조 모델을 만들기 시작했거든.

★ 미국 정부는 반핵운동을 펼치는 폴링을 공산주의자로 의심하여 그의 여권 발급을 금지했다.

왓슨과 크릭은 다음과 같은 사실을 깨달았어.

1. DNA 분자는 두 줄의 평행한 사슬로 이루어진 나선형 뼈대로 이루어져 있을 것이다.

2. 뼈대 안쪽에는 염기들이 마치 계단이 펼쳐진 것마냥 쭉 늘어서 있을 것이다.

3. 염기 중 A(아데닌)는 T(타이민)와 짝을 이루고, C(사이토신)는 G(구아닌)와 짝을 이루어 나타날 것이다.★

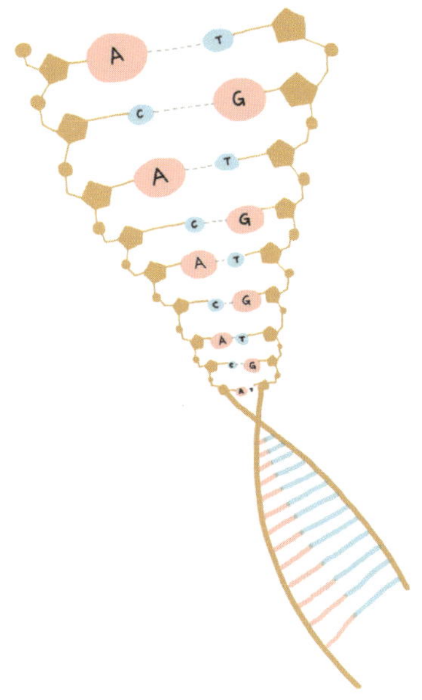

1953년 4월 25일, 왓슨과 크릭은 과학 전문지 《네이처(Nature)》에 논문을 발표했어. 세상에 처음으로 DNA의 구조를 선보인 거야. 겨우 천 단어에 불과한 이 획기적인 논문은 '역사상 가장 효율적인 논문' 중 하나로 손꼽혀.

★ 이처럼 A는 T와, C는 G와 짝을 이루며 다른 염기끼리 결합하지 않는다. 예를 들어 A는 C나 G와 결합하지 않는다. 이것을 상보적 결합이라고 한다.

마침내 승리는 얼쩡거린다는 평가를 듣던 문외한 팀에게 돌아갔어. 그리고 1962년에는 2번 선수팀의 윌킨스와 함께 노벨생리의학상을 거머쥐었지.

안타깝게도 '가장 아름다운 X선 회절 사진'을 찍은 프랭클린은 노벨상과 인연이 없었어. 1958년 서른여덟 살의 나이에 세상을 떠났거든. 그리고 오늘날에도 'DNA의 구조를 발견한 과학자'라고 하면 대부분의 사람들은 왓슨과 크릭만 떠올리고 프랭클린은 기억하지 못하지. 당시에는 여성 과학자가 정말 드물어서 남성 과학자보다 몇 배는 노력해야만 겨우 인정받을 수 있었고, 이 점은 지금도 마찬가지야. 그럼에도 열심히 노력하는 수많은 뛰어난 여성 과학자들에게 경의를 보낼게!

# 과학자의 해설

현대분자의학은 1953년 《네이처》에 발표된 DNA가 이중나선구조로 되어 있음을 증명하는 여러 논문 덕분에 발전할 수 있었습니다. DNA 이중나선구조는 마치 전설 속 황금 반지처럼 오랫동안 과학자들의 눈을 가리고 있던 장막을 치웠고, 큰 생명의 비밀을 세상에 알렸어요. 그 이후 새로운 시대가 찾아오며 생물학계는 획기적인 연구 성과를 줄지어 냈지요.

DNA와 DNA의 구조가 발견된 과정은 아주 극적입니다. 최초로 DNA를 발견한 사람은 스위스 생화학자 프리드리히 미셰르(Johann Friedrich Miescher)입니다. 원래 림프구 단백질의 구성을 알아내 박사학위 논문을 완성하려고 했던 미셰르는 세포를 추출하고 분리하던 중에 뜻밖에도 물이나 아세트산에 녹지 않고, 묽은 염산 용액이나 소금물에도 녹지 않는 새로운 물질을 발견한 후, 이 물질이 세포의 핵 속에 존재한다는 사실까지 완전히 확인한 후 이 물질에 '핵질'이라는 이름을 붙여 주었지요. 이후 독일의 유명한 생화학자 리하르트 알트만(Richard Altmann)이 핵질의 이름을 '핵산'으로 바꾸자고 제안해 지금까지 그 이름을 사용하고 있습니다.

DNA의 이중나선구조 역시 전문적인 대형 실험실의 연구로 발견된 것이 아니라, 영국 케임브리지대학교에서 각각 박사 후 과정과 박사 논문을 쓰던 두 청년인 왓슨과 크릭이 연구해 밝혀냈습니다. 사실 당시 두 사람이 연구 중이던 과제는 그야말로 '변변찮은 것'이었답니다. 한 사람은 담배의 잎과 줄기를 썩게 하는 담배 모자이크 바이러스를 연구하는 중이었고, 또 한 사람은 펩타이드와 단백질에 X선을 쪼여 그 구조를 연구하고 있었어요. 그러나 그들의 연구에는 한 가지 주목할 만한 점이 있었지요. 같은 시기에 다른 실험실들도 DNA의 분자 구조를 연구하고 있었지만, DNA가 유전물질이라고 믿은 과학자는 오로지 왓슨과 크릭밖에 없었다는 점입니다. 1951년 10월부터 DNA의 구조 모형을 만들기 시작한 왓슨과 크릭은 여러 번의 시도를 거쳐 1953년 3월에 드디어 정확한 형태의 모형을 만들어냈어요.

이러한 왓슨과 크릭의 연구는 과학 연구와 탐구라는 길을 걸을 때 정해진 틀에서 벗어나 마음을 활짝 열고, 다양하게 탐구하며 새로운 발견을 놓치지 않아야 성공의 기회를 잡을 수 있다는 교훈을 우리에게 줍니다. 과학은 끝이 없고, 자연의 만물은 우리의 상상을 초월할 정도로 경이롭지요. 그래서 과학을 탐구할 때 우리는 탄탄한 전문 지식과 기술을 갖추는 동시에 탐구를 멈추지 말고, 더 많이 생각하고 더 세심하게 주의를 기울여야 합니다.

궁마오롄(公茂蓮) 박사
독일 국립연구센터 막스 델브뤼크 분자의학연구소(MDC) 연구팀장

# 절반은 새로 생기고, 절반은 남는다

DNA 분자 구조가 밝혀진 후 5년 뒤에
DNA가 '반보존적 복제'라는 총 세 단계의
신비로운 방법으로 복제된다는 사실이 증명되었어.
첫 번째 단계, DNA의 가닥을 풀기.
두 번째 단계, 염기의 짝을 맞추어 새로운 가닥 만들기.
세 번째 단계, 새로운 가닥과 기존 가닥 붙이기.

지금까지 DNA의 기능과 구조를 발견한 과정을 봤어. 그렇다면 그렇게 발견한 DNA의 기능과 구조를 요약해 볼까?

영어 단어 'Deoxyribonucleic Acid'의 줄임말인 DNA를 우리말로 풀면 '디옥시라이보 핵산'이야. 그리고 DNA의 기본 구성단위인 '뉴클레오타이드'는 염기, 디옥시라이보스와 인산기로 구성되어 있어.

DNA의 이중나선구조를 자세히 보면 A(아데닌)와 T(타이민)가 짝을 이루고, C(사이토신)와 G(구아닌)가 짝을 이룬 염기가 뼈대 안쪽에 마치 계단처럼 펼쳐진 모습이지.

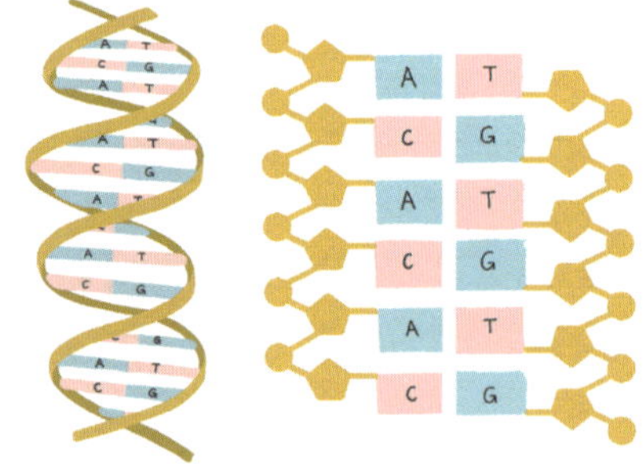



이쯤 되면 염기의 이름을 외웠겠지? 이제부터 간단히 A, T, C, G라고 알파벳만 쓸게!

# 3

모든 생물체와 수많은 바이러스의 유전물질인 DNA를 간단히 말하자면, 생명의 청사진이라고 할 수 있어.

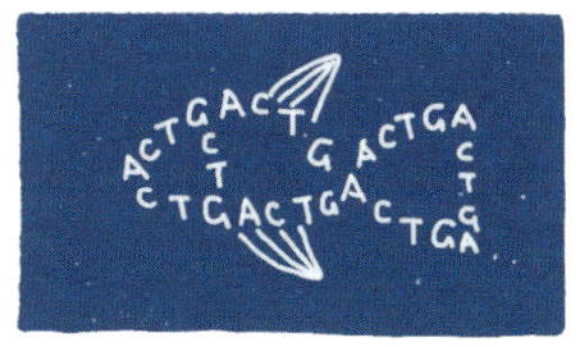
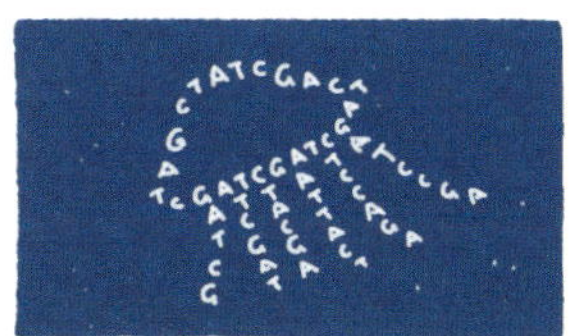

DNA가 유전정보를 담아둔 '비밀문서'는 전부 세포핵 속에 숨어 있어. 손상을 막기 위해서지.

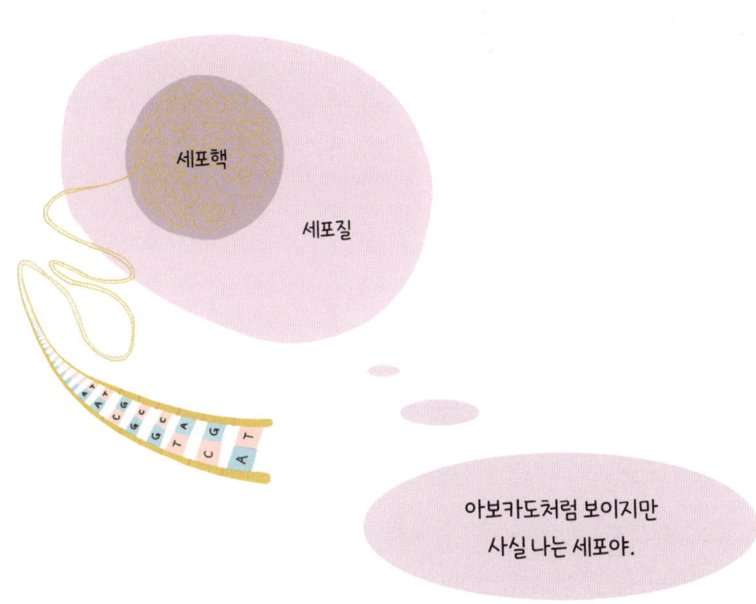

DNA는 매일 뭘 하고 지낼까? 먹고 자고 빈둥거리지 않아. 우리의 손톱, 머리카락, 키가 자라거나 몸무게가 늘어나는 것은 모두 세포 분열 덕분인데, 세포가 분열할 때마다 세포핵 속의 DNA도 한 번씩 복제되기 때문에 DNA는 매일 아주 바쁘지.

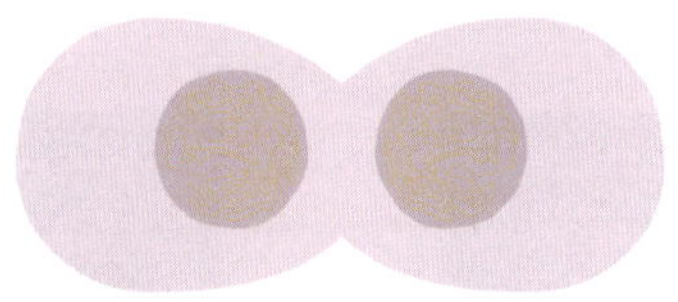

1953년 4월 25일, 왓슨과 크릭이 《네이처》지에 논문을 발표하며 처음으로 DNA의 구조를 밝혔어.

그 후로 겨우 5주가 지난 뒤에 두 사람은 《네이처》에 DNA의 복제 방식을 예측한 두 번째 논문을 또 발표했어.

그리고 1958년에 미국의 생물학자 매튜 메셀슨(Matthew Meselson)과 프랭클린 스탈(Franklin Stahl)이 진행해 유명해진 '메셀슨-스탈 실험'을 통해 DNA가 반보존적 복제로 복제된다는 점이 증명되었지.

## 결합된 염기를 떼어내어
## 이중나선 가닥 풀기

헬리케이스라는 효소가 지퍼를 내리듯
이 DNA의 두 가닥을 풀기 시작해.

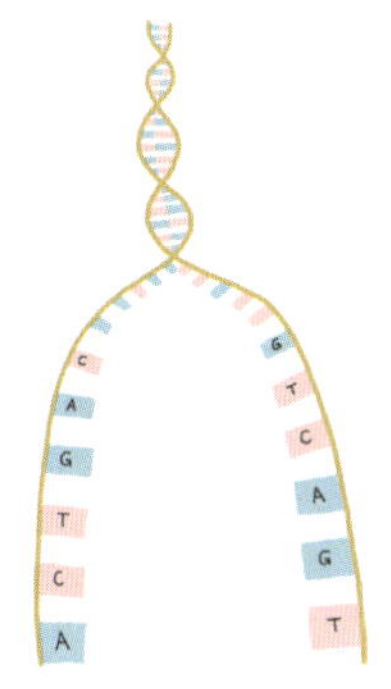

## 염기끼리 짝을 이루고
## 가닥 길이를 늘이기

풀려 버린 가닥 주변으로 뉴클레오타
이드들이 다가와서 기존 가닥의 염기
와 짝을 맞춰. 이때 상보적으로 짝을 이
루지. 즉 A는 T와 짝을 이루고, C는 G
와 짝을 이루어. 이처럼 기존 가닥과 상
호보완적인 새로운 가닥을 만들고 가
닥도 길게 늘이지.

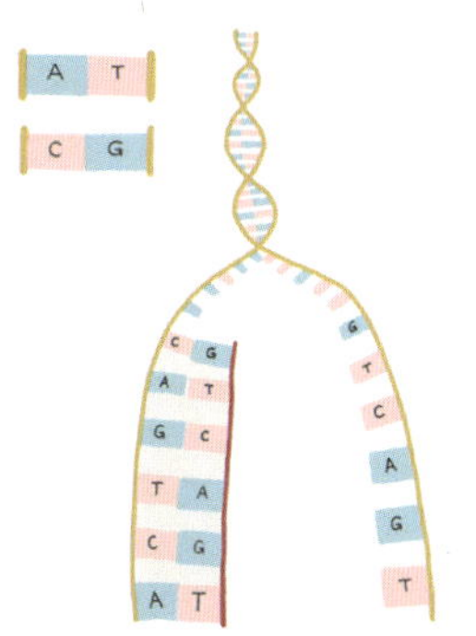

A는 T와, C는 G와 짝을 이루기

## 새로운 가닥과
## 기존 가닥을 조합하기

새로운 가닥이 기존 가닥과 조합된 후,
휘리릭 꼬여서 새로운 DNA 이중나선
구조가 만들어져.

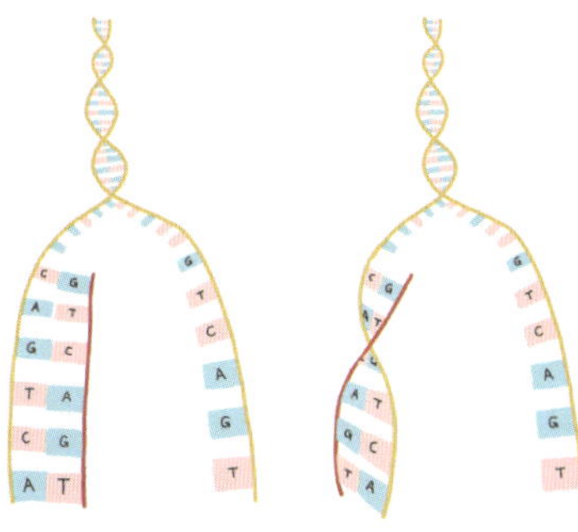

**DNA 복제의 3대 중요 특징(시험에 꼭 나와)**

1 가닥을 풀면서 복제한다.

2 염기는 상보적으로 결합한다. A-T, C-G 조합을 꼭 기억하기.

3 완전히 새로운 염기들을 사용해 복제하는 것이 아니라, 기존 가닥이 절반 사용된다. 이를 반보존적 복제라 한다.

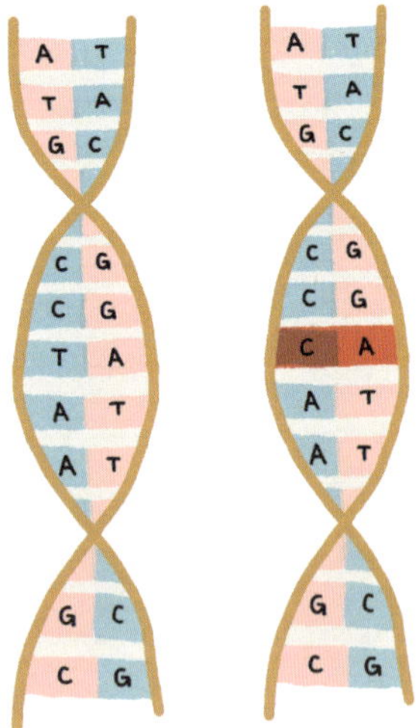

한 사람의 세포핵 속에 있는 DNA 가닥을 길게 이어 붙이면 그 길이가 약 2미터에 달하고, 또 염기쌍의 수는 30억여 개나 되지. DNA 복제는 몹시 어려운 과정임에도 실수가 일어날 확률은 10억 분의 1밖에 되지 않아. 하지만 실수가 잘 일어나지 않는다는 말이, 실수가 전혀 없다는 뜻은 아니야. 유전자변이는 바로 이 때문에 나타나는 거야.

대부분의 유전자변이는 우리에게 별다른 영향을 끼치지 않지만 어떤 유전자변이는 서서히 우리를 바꾸기도 해.

유전자변이 덕분에 우리는 다양한 외적 특징을 가지게 되지. 예를 들어 곱슬머리가 될 수도 있고, 직모가 될 수도 있어.

어떤 유전자변이는 우리의 입맛에도 영향을 줘. 그래서 어떤 사람은 고수를 좋아하고, 어떤 사람은 싫어하지.

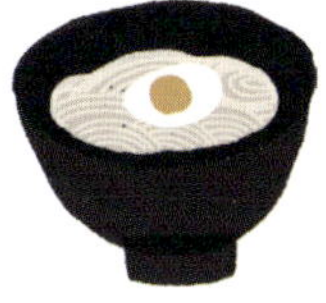

우리의 건강과 관련 있는 유전자변이도 있어. 어떤 유전자변이는 특정한 병에 걸리게 할지 말지를 결정해.

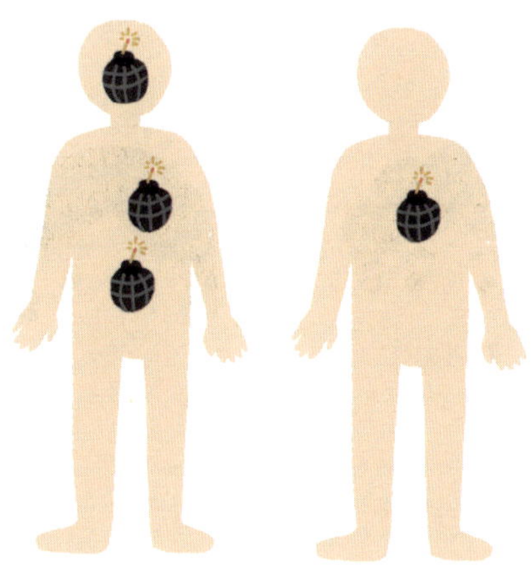

# 과학자의 해설

이번 장은 끊임없이 자라나는 생명의 비밀을 소개하며 유전의 핵심 물질인 DNA가 생명을 살아 숨 쉬게 하는 명령문을 얼마나 정확히 기록하는지를 설명했습니다. 이 명령문이 대대손손 이어지는 까닭은, 데이터를 복제하듯 DNA도 복제되기 때문입니다. 또 단순히 복제되는 것에 그치지 않고 단 하나의 정보도 빼놓지 않고 복제되어야 합니다. 그래야 수정란으로부터 만들어진 생명체 속의 수많은 세포가 완전히 똑같은 유전물질을 가질 수 있게 되지요. DNA가 정보를 빼놓지 않고 복제하는 비결은, 서로 마주 보고 있는 두 개의 염기가 정해진 짝과 손을 잡는 '염기의 상보적 결합'과 기존 DNA 중 절반의 원본을 계속 유지하는 '반보존적 복제'라는 방법을 따릅니다. 때문에 원본이 항상 유지되므로 실수 여부를 언제든 비교해 검사할 수 있지요. 물론 아주 뛰어나고 숙련된 기술자인 복제 효소의 역할도 빼놓을 수 없습니다. 이 기술자 덕분에 실수가 일어날 확률이 10억 분의 1 미만으로 떨어지거든요.

그러면 DNA는 어떻게 복제의 효율성을 높일까요? 두 가지 일을 한 번에 처리하는 방법으로 효율성을 높인답니다. DNA는 잠시도 지체하지 않고 한쪽에서 나선을 풀면서 또 동시에 한쪽에서는 복제합니다. 우수하고 능숙한 조수인 효소들이 제 역할을 톡톡히 해낸 덕분이지요. DNA가 얼마나 정확하고 효율적으로 복제를 하는지는, 수치로 보면 더 정확히 이해할 수 있어요. 인간의 어떤 세포는 24시간도 채 되지 않아 한 번 복제되는데, 이는 곧 1초에 35,000개 이상의 염기쌍을 복제한다는 뜻이에요. 그러나 이처럼 30억 개(60억 개)의 염기쌍 복제를 마치는 동안 발생하는 실수는 6개도 채 되지 않습니다.

이렇게 DNA는 '이중나선의 짧은 이별'이라는 과정을 거쳐 우리가 사는 드넓은 세상을 만들어요. DNA 복제에 오차가 발생할 가능성은 10억 분의 1밖에 되지 않지만, 이렇게 발생한 오차가 결함을 유발하기도 합니다. 그리고 이러한 결함을 지닌 돌연변이 개체는 생존하지 못하거나, 짧은 시간만 생존하거나, 적자생존 법칙에 의해 점차 도태하게 되지요. 반대로 어떤 오차는 장점이 되기도 합니다. 이로운 변이가 일어난 개체는 더 나은 삶을 살고, 더 다양한 곳에서 살아남을 수 있습니다. 바로 이 점 덕분에 생명은 진화하고, 새로운 종(種)이 탄생했으며, 이 세상은 변화를 거쳐 더욱 다채로워졌지요.

생명은 DNA의 '이중나선의 짧은 이별' 덕분에 대대손손 이어지고 번영하는 것입니다.

양룽시(楊蓉西) 박사
독일 하이델베르크대학교 의과대학 프로젝트 연구팀 팀장

# 암호 해독 설명서

세상에서 가장 긴 길을 거쳐 세상에 등장한
DNA 암호 해독 설명서에 대한 이야기를 들려 줄게.
왓슨과 헤어진 후에도 크릭은 계속 DNA의 기능을 연구했고,
DNA가 RNA라는 중간물질을 이용해
단백질 합성을 지시한다고 주장했어.
그 주장의 이름을 이제는 '중심원리'라고 불러.

1953년에 왓슨과 크릭이라는 문외한 팀은 젖 먹던 힘까지 다해 노력한 끝에 'DNA 구조 해독하기'라는 경기에서 승리했지.

하지만 성공을 거머쥔 뒤 얼마 지나지 않아 두 사람은 각자 제 갈 길을 가기로 했어.

유전자는 영원하지만 우정은 깨질 수 있지.

미국으로 돌아간 왓슨은 강의와 행정 업무를 처리하는 데 더 많은 시간을 쓰게 되었어.

하지만 케임브리지대학교에 남은 크릭은 유전물질인 DNA가 생명의 특징을 결정하는 방법에 대해 계속 연구했지. 그리고 1958년에 DNA는 RNA 분자를 중간물질로 활용해 단백질 합성을 지시한다는 가설을 제시했어.

## 1

36쪽에서 스치듯이 나왔던 RNA를 기억하니? RNA는 영어 단어 'Ribonucleic Acid'의 줄임말이야. RNA 기본 구성 단위는 '정교한 DNA 모조품'이라고도 불리지. DNA의 뉴클레오타이드와 아주 비슷하거든.

하지만 제아무리 고급이라도 모조품은 부품에서 차이가 나지.

**1** RNA에는 DNA보다 산소 원자 하나가 더 있어.★

**2** RNA의 염기에는 타이민(T) 대신 유라실(Uracil, 줄여서 U)이 있어.

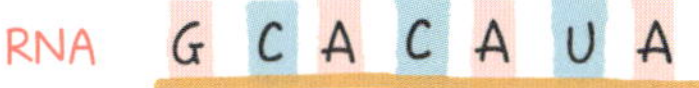


우리 몸에는 여러 종류의 RNA가 있는데, 그중에서도 DNA의 정보를 전달하는 역할을 하는 RNA를 mRNA(Messenger RNA, 줄여서 mRNA, 전령 RNA라고도 부름)라고 해.

★ DNA를 구성하는 뉴클레오타이드는 '디옥시라이보뉴클레오타이드'가 정식 이름이다. 여기서 '디옥시(deoxy)'란 '산소(oxy) 하나가 제거되다(de)'라는 뜻이다. 한편 RNA의 경우 '라이보뉴클레오타이드'로 이루어져 있다.

DNA는 무척 중요한 물질이라고 했지? 그래서 DNA는 세포핵이라는 안전지대를 떠날 수 없어. 그럼 어떻게 유전정보를 전달할까?

DNA는 먼저 단단하게 묶인 이중나선을 풀기 시작해.

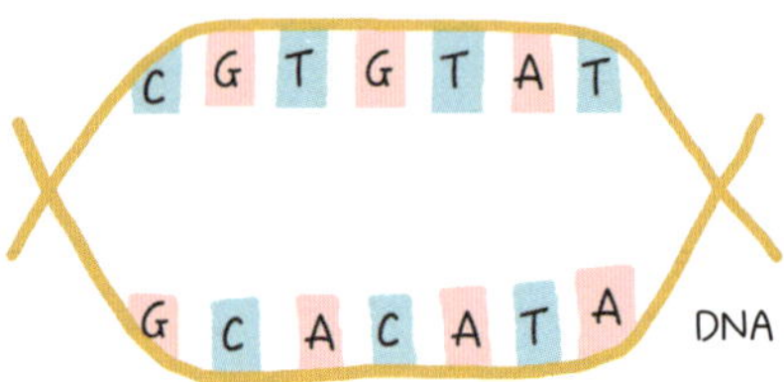


주위를 떠다니던 라이보뉴클레오타이드들은 DNA에 빈자리가 보이자마자 스스로 염기의 상보적 결합 원칙에 따라 재빨리 DNA를 구성하는 염기와 하나씩 짝을 지어. 그렇게 A는 U, G는 C와 짝이 되지.

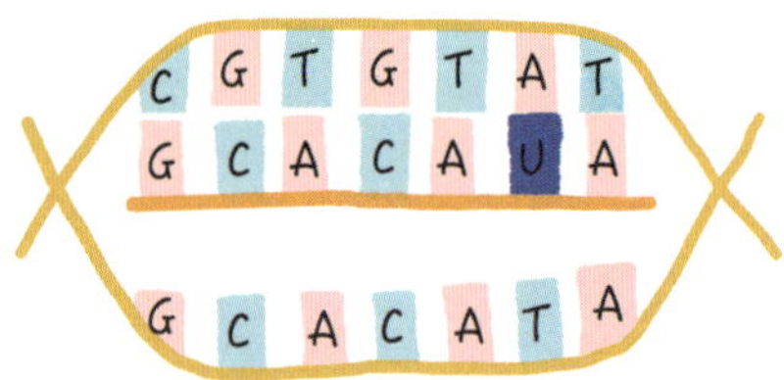


이렇게 짝 이루기 과정이 끝나면 mRNA가 만들어지고, 맡은 일을 다 해낸 DNA는 꽈배기 모양으로 되돌아가지. 이 과정을 전사(transcription)라고 불러.

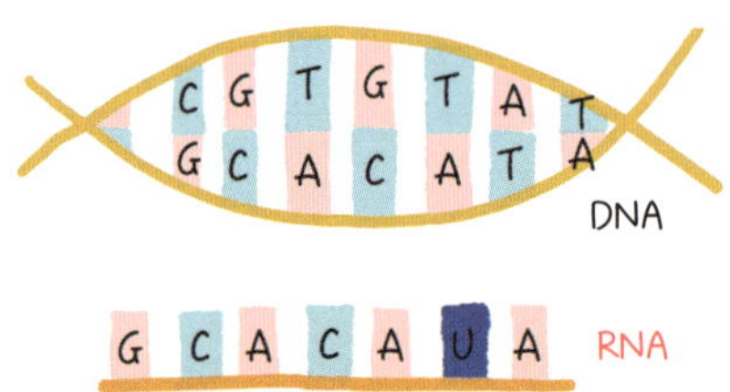

전사를 거쳐 만들어진 mRNA는 DNA가 준 귀중한 정보를 품고 한 치의 머뭇거림도 없이 세포핵을 떠나. 이제 뭘 좀 알려 주러 가야 하거든. 뭘 알려 주냐고? 단백질을 합성하는 법 말이야!

단백질을 만들려면 기본 원료, 바로 아미노산이 필요해.

'생명의 블록' 아미노산                    단백질

생명체에는 단백질을 구성하는 20종의 아미노산이 있어. 저마다 모양이 독특하기 때문에, 이것들을 이용해 수없이 많은 단백질을 조합할 수 있지. 마치 블록 장난감처럼 다양한 모양을 만드는 재미가 있어.

장난감 블록은 아무렇게나 쌓아도 괜찮지만, 단백질은 그렇지 않아. 그래도 걱정할 필요는 없어. 세포는 자신만의 '유전암호표'를 가지고 있거든. 아래의 대응표는 역사상 가장 아름다운 유전암호 해독서지. 어떤 염기들끼리 조합되어 어떤 아미노산이 만들어지는지를 알려 주거든.

| 첫 번째 염기 | 두 번째 염기 | | | | 세 번째 염기 |
| --- | --- | --- | --- | --- | --- |
| | U | C | A | G | |
| U | Phe | Ser | Tyr | Cys | U |
| U | Phe | Ser | Tyr | Cys | C |
| U | Leu | Ser | STOP | STOP | A |
| U | Leu | Ser | STOP | Trp | G |
| C | Leu | Pro | His | Arg | U |
| C | Leu | Pro | His | Arg | C |
| C | Leu | Pro | Gln | Arg | A |
| C | Leu | Pro | Gln | Arg | G |
| A | Ile | Thr | Asn | Ser | U |
| A | Ile | Thr | Asn | Ser | C |
| A | Ile | Thr | Lys | Arg | A |
| A | Met | Thr | Lys | Arg | G |
| G | Val | Ala | Asp | Gly | U |
| G | Val | Ala | Asp | Gly | C |
| G | Val | Ala | Glu | Gly | A |
| G | Val | Ala | Glu | Gly | G |

우리 몸속 라이보솜(Ribosome)이라는 일꾼은 암호 해독서에 따라 mRNA의 염기 정보를 아미노산으로 번역해.

이에 따르면 염기 세 개와 한 개의 아미노산이 대응하지.

그런데 유전암호표에 알파벳 세 글자만 잔뜩 보여서 당황했니? 유전암호표에 쓰인 건 아미노산의 약어야. 과학자들이야 일상처럼 외우고 다니는 것이지만, 여러분에게는 좀 낯설지. 그래서 아미노산의 약어와 이름을 정리했어.

| | 약어 | 이름 | | 약어 | 이름 |
|---|---|---|---|---|---|
| | Ala | 알라닌 | | Leu | 류신 |
| | Arg | 아르지닌 | | Lys | 라이신 |
| | Asn | 아르파라진 | | Met | 메싸이오닌 |
| | Asp | 아스파트산 | | Phe | 페닐알라닌 |
| | Cys | 시스테인 | | Pro | 프롤린 |
| | Gln | 글루타민 | | Ser | 세린 |
| | Glu | 글루탐산 | | Thr | 트레오닌 |
| | Gly | 글리신 | | Trp | 트립토판 |
| | His | 히스티딘 | | Tyr | 타이로신 |
| | Ile | 아이소류신 | | Val | 발린 |

그럼 라이보솜과 함께 mRNA의 염기 정보를 아미노산으로 번역해 볼까?

아래 그림을 보자. 'GCA'라는 세 개의 염기가 있지. 이 세 개의 염기를 대응표에서 찾아보자. 왼쪽, 위, 오른쪽 순서대로 찾아봐.

그럼 알라닌(Ala)이라는 아미노산이 나오지? 이 염기에 따라 라이보솜이 운반해 온 첫 번째 아미노산은 알라닌이야.

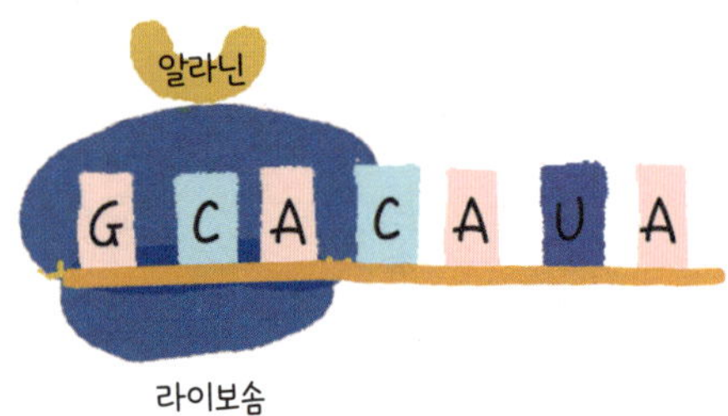

라이보솜

그 뒤에는 'CAU'라는 세 개의 염기가 있지? 'CAU'에 대응하는 아미노산은 바로 히스티딘(His)야. 따라서 앞에 있는 알라닌 뒤에 히스티딘이 붙는다는 뜻이 되지.

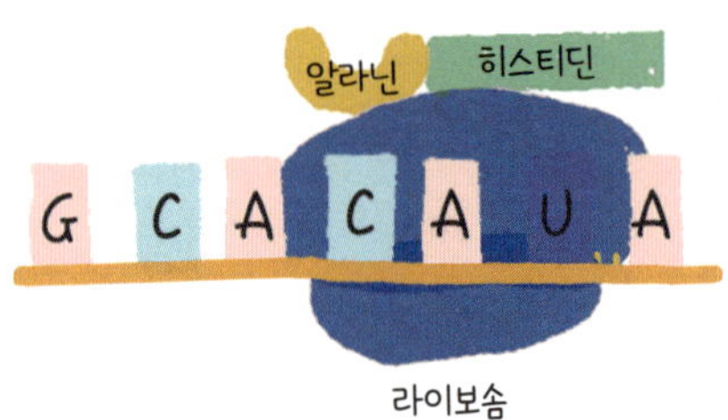

라이보솜

라이보솜은 이렇게 mRNA의 지령을 번역함으로써 특정한 기능을 가진 단백질을 만들 수 있어.

한편 'UAA', 'UGA' 또는 'UAG' 조합은 stop, 즉 '이제 번역을 멈춰라'라는 암호야. 이걸 '종결'이라고 해.

단백질은 세포의 구조를 만드는 중요한 물질로 당, 지질, 핵산과 함께 세포를 구성해.

그리고 세포는 각종 장기를 구성하지.

각종 장기는 생물체를 구성해.

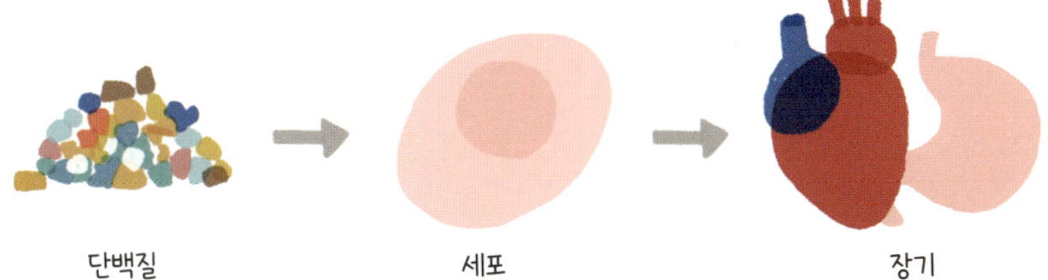

그 이름도 유명한 유전학의 '중심원리(Central Dogma)'란, 유전정보가 DNA에서 RNA를 거쳐 단백질로 전달되는 과정을 뜻해. 이 법칙은 모든 생물체의 세포가 따르는 생존 법칙이지.

중심원리

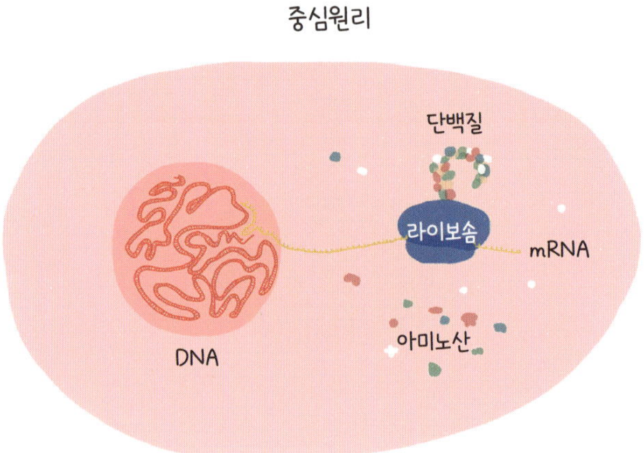


간단히 말하자면, DNA는 세포핵 속에 숨어 있으면서 단백질 합성 작업 정보를 가지고 있어. 그리고 mRNA를 심부름꾼으로 보내서 단백질 합성을 지휘하게 시켜. 그 지휘에 따라 모두가 맡은 일을 성실히 하면서 힘을 모으며 즐겁게 사는 것, 이게 바로 중심원리야.

생명의 언어가 DNA라면, A, T, C, G라는 네 개의 글자는 우리 생명의 암호인 셈이야.

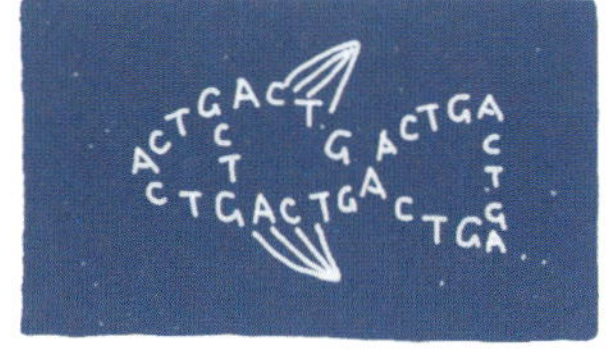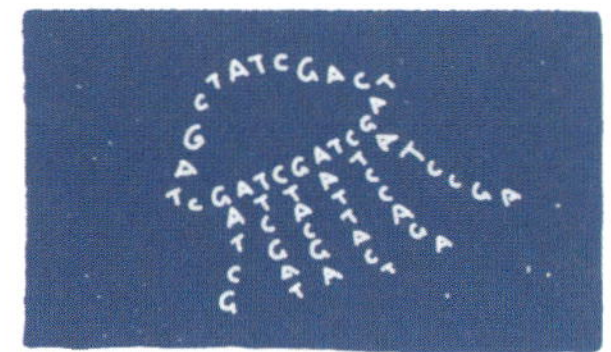

# 과학자의 해설

DNA가 유전정보를 담고 있다는 사실은 1944년에 세 명의 과학자가 진행한 폐렴 쌍구균 형질 전환 실험으로 증명되었습니다. 하지만 세포가 제 기능을 발휘하게 돕는 중요한 생물학적 고분자는 단백질이지요. 그렇다면 DNA 가닥에 저장된 유전정보는 어떻게 단백질로 전달될까요? 이번 장에서는 유전정보가 DNA에서 단백질로 전달되는 과정, 즉 생물학의 가장 유명한 법칙인 '중심원리'를 알려 줍니다.

중심원리의 가르침 덕분에 이제 우리는 DNA의 순서를 바꿔 DNA가 암호화한 단백질을 편집할 수도 있게 되었습니다. 이전까지 단백질을 인공적으로 합성하는 일은 몹시 어렵고, 아주 비싼 작업이었어요. 그래서 1960년대에 중국이 소 인슐린 인공 합성에 성공한 것은 노벨상 수상만큼이나 중요한 성과라고 할 수 있지요. 순수하게 화학적인 방법으로만 단백질을 합성하는 일은 지금도 여전히 어렵고 비용이 많이 들지만, 중심원리의 가르침 덕택에 단백질의 DNA 서열만 알면 아주 쉽게 우리가 원하는 단백질을 합성할 수 있습니다.

중심원리는 무척 중요한 생물학 법칙입니다. DNA 재조합기술을 이용한 의약품, 유전자변형생물체, 유전자치료 등의 기술이 모두 중심원리를 바탕으로 발전했거든요. 크릭의 중심원리는 생명과학의 연구와 응용 수준을 새로운 차원으로 끌어올렸고, 우리가 생명의 가장 심오한 비밀을 이해할 수 있도록 하는 등 매우 큰 공을 세웠습니다.

류단후이(劉丹慧)
원저우의과대학 진단검사의과대학, 생명과학대학 부교수

# 옥수수밭의 고독한 선지자

왜 어떤 옥수수는 한 가지 빛만 띠는데,

어떤 옥수수는 알록달록한 무늬가 있을까?

그리고 왜 알록달록한 무늬의 모양이 다 다를까?

이런 것에 대해 생각해 본 적이 있니?

이 문제에 아주 깊은 관심을 가진 과학자가 있었어.

그 과학자의 이름은 바버라 매클린톡이야.

알록달록한 오색 옥수수가 유전자변형생물체라는 소문이 널리 퍼져 있어.

아니야! 아니야! 아니야!

오색 옥수수는 아주 오래된 자연 품종이야. 생명공학이 있기 전부터 이미 세상에 존재했어.

그저 유전자변형밖에 모르지!
얼룩 강아지한테도 유전자변형생물체라고 할 기세네.

오색 옥수수를 보거나 먹어 본 사람은 많아도, 옥수수가 왜 알록달록한지 그 이유에 관심을 둔 사람은 거의 없을 거야. 그런데 바버라 매클린톡(Barbara McClintock)이라는 과학자는 이 문제에 유독 관심이 많았어.

바버라는 어린 시절부터 똑똑하고 활동적이었고, 기계와 대자연을 아주 좋아했어. 아버지는 바버라에게 네 살 생일 선물로 권투 글러브를 주었지.

바버라는 여자아이들과 잘 어울리지 못했고, 그렇다고 남자아이들 무리에 완전히 끼지도 못했어. 자연스레 혼자 있는 것에 익숙해졌고, 혼자 책을 읽고 생각하는 것을 좋아하게 되었지. 그러다가 중학생이 된 바버라는 과학에 큰 관심이 생겼어.

딸이 교수가 되면 결혼을 하지 못할 거라고 걱정한 바버라의 어머니는 딸의 대학 진학을 극구 반대했어…. 다행히 생각이 깨어 있는 아버지 덕분에 바버라는 순조롭게 코넬대학교에 입학해 농학을 전공했지.

젊고 아름다운 바버라는 대학에서 인기가 많았지만, 정작 본인은 결혼과 출산이 별 의미가 없다고 생각했어. 대신 유전학에 푹 빠졌고, 곧 유전학은 바버라가 평생 가장 사랑하는 대상이 되었어.

성공적으로 박사 학위를 받은 바버라는 자신이 선택한 유전학 연구 대상에 몰두하기 시작했어. 그것이 바로 옥수수 연구였지. 바버라는 빠르게 옥수수 기르기와 꽃가루받이 전문가가 되었어.

바버라는 뛰어난 연구자였지만 여성이라는 이유로 정년이 보장된 교수직을 얻기 어려웠어. 또 여러 구설에 오르기도 했어. 바버라는 치마를 거의 입지 않았고, 사무실 열쇠를 놓고 와서 창문으로 사무실에 기어들어 가기도 했거든.

그러다가 마침내 바버라는 뉴욕의 콜드 스프링 하버 연구소로 자리를 옮겼어. 모두가 청바지를 입고, 매주 70~80시간을 일할 수 있는 그 연구소에서는 어떠한 제약도 구속도 없었지. 드디어 자신만의 과학 연구 천국을 찾은 바버라는 마음 놓고 옥수수밭을 일궜어.

옥수수 색깔 문제 연구에 전념하던 바버라는, 염색체 안에서 자유롭게 돌아다니며 기상천외한 변화를 일으키는 신기한 유전자를 발견했어. 바버라는 이 장난꾸러기 유전자에 '트랜스포존(transposon)'이라는 이름을 붙였지. '옮겨 다니는 유전자'라는 뜻이야.

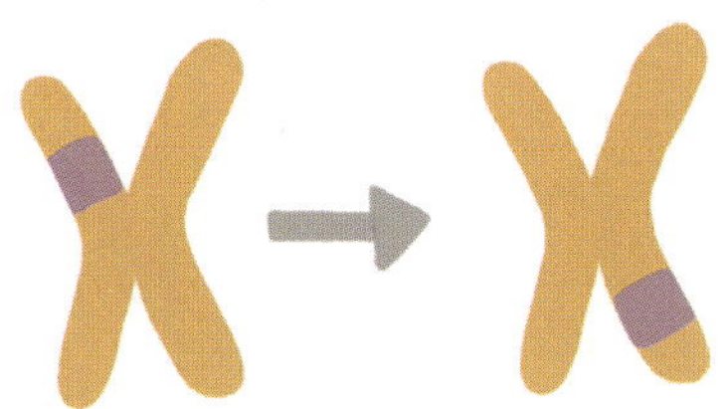

알록달록한 옥수수 알갱이는 트랜스포존이 이리저리 옮겨 다닌 결과였다는 것이 밝혀졌지.

옥수수에는 안토시아닌이라는 색소를 만드는 유전자가 있어. 안토시아닌 덕분에 보통의 옥수수는 보라색을 띠지.

그런데 트랜스포존이 안토시아닌 유전자 사이로 뛰어들어 유전자에 손상을 입히면, 안토시아닌 유전자는 안토시아닌을 생산하지 못해. 그러면 이 옥수수는 흰색 또는 노란색을 띠게 되지.

하지만 당시 대부분의 과학자는 유전자의 위치와 배열된 순서는 변하지 않는다고 생각했어. 그래서 아무도 바버라의 발견에 관심을 기울이지 않았지. 몇몇 과학자들은 관심을 보이긴 했는데, 황당해하거나 의심하는 반응이었고.

바버라는 부정적인 반응에 개의치 않고 사랑하는 연구를 계속해 나갔다고 해. 심지어 90세의 할머니가 되어서도 하루에 8~9시간씩 일할 정도였지.

시간이 흐르자 더 많은 과학자들이 세균을 비롯한 다른 생물에 트랜스포존이 있다는 사실을 발견했어. 그리고 트랜스포존을 발견한 후 30여 년이 지난 1983년, 바버라는 드디어 노벨생리의학상을 받았지.

여성이라는 정체성과 독립적인 성격 때문에 바버라는 주류 사회의 인정을 받지 못하며 인생의 대부분을 보내야 했지만, 바버라는 자기 내면의 소리를 따르기로 선택했고 그에 따라 정말 하고 싶은 일을 했어.

바버라는 옥수수밭의 고독한 선지자이자, 진정으로 자유로운 사람이었단다.

# 과학자의 해설

바버라 매클린톡은 20세기 이후 위대한 과학자 중 한 사람입니다. 평생 미혼이었던 그녀가 가장 사랑한 존재는 다름 아닌 옥수수였지요. 바버라의 여러 중요한 발견 중에서도 자리를 옮겨 다니는 유전자인 '트랜스포존'에 대한 연구는 가장 뛰어난 과학적 발견입니다. 1938년에 이 개념을 제시한 이후, 오랜 시간 공을 들인 세밀하고 깊이 있는 연구를 거쳐 트랜스포존 유전자의 메커니즘을 정확히 밝혀냈지요. 하지만 처음에는 아무도 그녀의 성과를 인정하지 않았습니다. 오히려 사람들은 '바버라가 정신이 나간 것은 아닌가?' 하며 당혹스러움과 미심쩍음이 담긴 눈길을 보냈지요. 그녀는 드높은 영예를 누려야 할 과학자(1944년에 미국국립과학원 회원으로 선출되고, 1945년에 미국유전학회 회장을 맡을 정도로 실력이 있었습니다)였지만 곁에 친구들과 동료들이 없어 홀로 연구하며 외롭고 답답한 세월을 견뎌야 했습니다. 하지만 진실은 뒤늦게라도 밝혀지게 마련이지요. 1983년에 바버라 매클린톡은 81세라는 고령으로 35년이나 늦었지만 노벨생리의학상을 받으며 드디어 생전에 과학계의 인정을 받았습니다. 또 그녀는 역사상 세 번째로 노벨상을 받은 여성 과학자가 되었습니다.

이번 장에서는 힘들고 어려운 과학 연구에 관한 역사, 권위에 굴복하지 않고 꿋꿋이 진실을 주장한 여성 과학자의 아름다운 모습을 담았습니다! 이 글이 청소년 친구들에게 과학을 사랑하고, 미래를 탐구할 수 있는 영감을 주었으면 합니다.

옌젠빙(嚴建兵)
중국 정부 선정 우수 학자, 화중농업대학 유전학 교수,
국가 인재 프로젝트 '장강학자장려계획' 석좌 교수

# 강호에 영웅이 나타나
# 염기서열을 읽다

"일을 마친 협객은 옷을 훌훌 털고 떠날 뿐,

그 힘과 이름은 깊이 숨기네."

시인 이백의 〈협객행〉이라는 시야.

이 시에서 묘사하는 협객 같은 과학자가 있었어.

1세대 유전자 염기서열 분석법을 발명한

프레더릭 생어가 그 주인공이야.

앞서 유전학에서 가장 중요하고 핵심적인 법칙인 '중심원리'를 다루었어. 세포핵 속 DNA에 유전정보가 저장되어 있고, DNA는 이 유전정보를 mRNA를 통해 전달하고 단백질 합성을 지휘해 생명체의 여러 특징을 만든다는 내용이지.

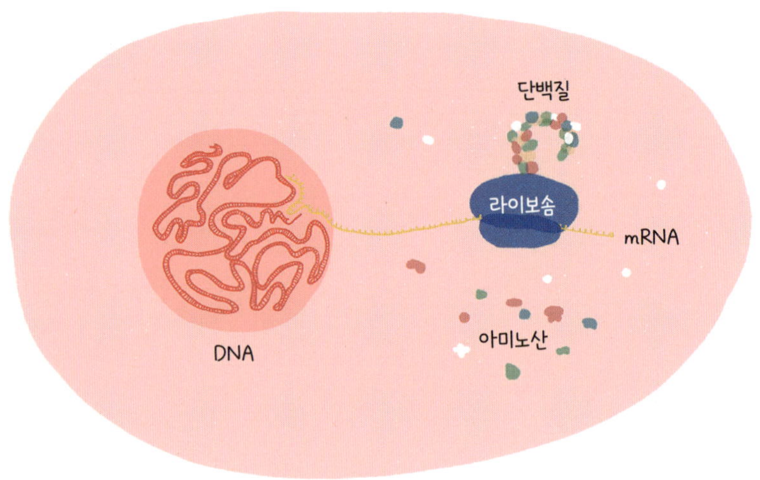

그래서 DNA를 생명의 언어라고 해.

영어가 26개의 알파벳으로 이루어져 있다는 사실은 모두 알고 있을 거야. 그러면 DNA라는 언어는 몇 개의 글자로 이루어져 있을까? 답은 단 네 개의 글자야. A, T, C, G라는 네 종류의 염기 말이지.

하지만 A, T, C, G는 작디작은 세포핵 속에 숨어 있어. 이것들을 어떻게 읽을 수 있을까? 다시 말해 DNA의 염기서열*은 어떻게 분석할 수 있을까?

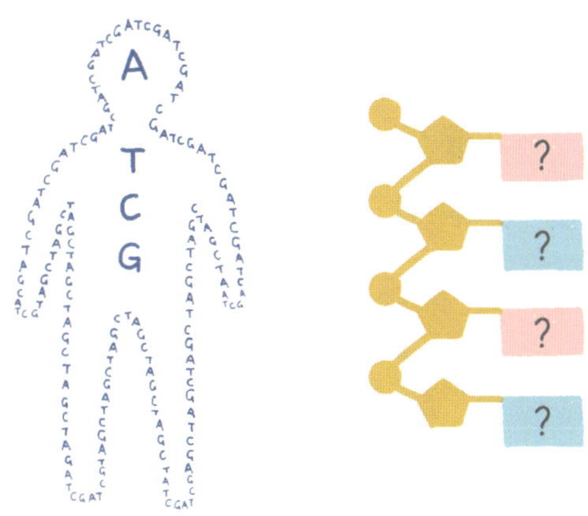

1977년에 프레더릭 생어(Frederick Sanger)라는 이름의 발명가가 아주 뛰어난 DNA 염기서열 분석법**을 세상에 선보였어.

염기서열 분석에 푹 빠진 과학자 생어. 그는 사실 인슐린(혈당을 조절하는 그 물질 맞아)의 아미노산 서열을 완벽하게 해독한 공로로 1958년에 노벨화학상을 탄 '거장'이었단다.

★ **염기서열** 말 그대로 A, T, C, G의 배열 순서를 말한다. 영어로는 sequence(시퀀스)라고 한다.
★★ **DNA 염기서열 분석법** DNA 염기서열 결정법이라고도 부른다. 영어로는 DNA sequencing(DNA 시퀀싱)이라고 한다.

노벨화학상을 받고 유명해진 후에도 생어는 여러 강연 섭외나 방문 요청을 거절하고 단백질과 DNA를 분석하는 실험에 몰두했어.

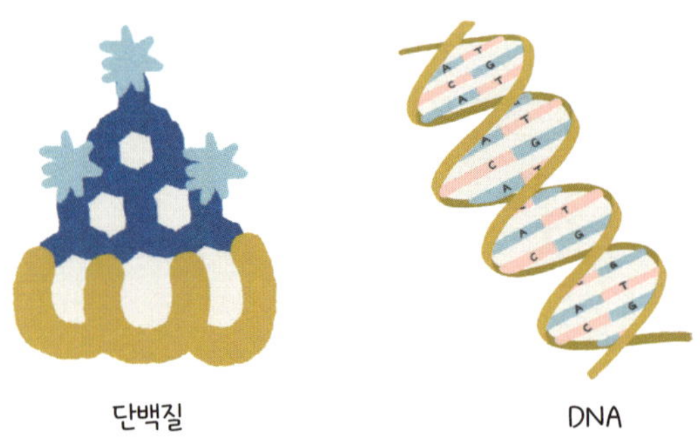



그렇게 탄생한 생어의 DNA 염기서열 분석법의 정식 이름은 발음하기도 어려운 '다이디옥시 사슬 종결법(Dideoxy Chain Termination Method)'이야. 이 방법에 쓰이는 핵심 주역은 DNA의 단위인 디옥시라이보뉴클레오타이드보다도 산소 원자 하나가 더 적기 때문에 이런 이름이 붙었지. (간단히 생어 분석법이라고도 불러.)

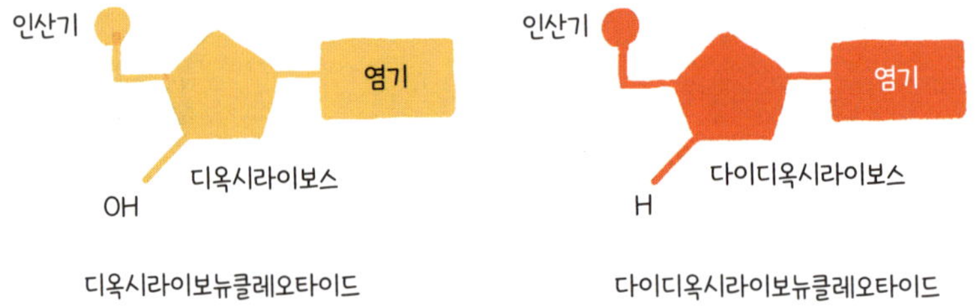

무협 소설 《신조협려》에는 외팔이 영웅 주인공 '양과'가 나와. 그는 평생 한팔로만 연인을 안아 줄 수 있지.

다이디옥시라이보뉴클레오타이드도 마찬가지로 다른 뉴클레오타이드와 한쪽으로만 연결할 수 있어.

1971년, 중국계 미국인 분자생물학자인 레이 우(Ray Wu)는 프라이머를 이용한 염기서열 분석법인 '프라이머 확장 분석법'을 발명했어. 프라이머란 DNA 중합의 시작점이 되는 짧은 유전자 서열이지.

이 분석법에서 영감을 얻은 생어는 프라이머를 이용한 DNA 복제의 무대를 시험관 속으로 옮겼어. 그리고 시험관에 DNA 복제의 원료가 되는 두 종류의 뉴클레오타이드(보통 뉴클레오타이드▇들과 외팔이 뉴클레오타이드▇들)를 하나의 시험관에 넣었어.

그러면 어떤 일이 일어날까? 정상 뉴클레오타이드를 이용해 한창 복제가 일어나다가 어느 순간 외팔이 뉴클레오타이드가 복제에 사용되고, 옆에 잡을 팔이 없으니 복제가 끝나 버려. 그러면 길이가 제각각인 DNA 가닥들이 무작위로 엄청나게 많이 만들어지겠지.

슬기로운 생어는 염기의 종류가 네 가지라는 점에 착안했어. 그래서 시험관을 네 개 준비하고, 각각의 시험관에 네 종류의 외팔이 뉴클레오타이드들을 집어넣었지.

이제 각각의 시험관 속에서 구체적으로 어떤 일이 일어나는지 설명할게. 분석하고 싶은 DNA의 염기서열이 다음과 같다고 해 보자.

이 가닥을 각각의 시험관에 넣으면, 다양한 길이의 DNA 가닥이 만들어져. 새로 합성된 DNA 가닥의 길이는 정상 뉴클레오타이드 대신 외팔이 뉴클레오타이드가 언제 붙었느냐에 따라 달려 있어. 시험관 안을 들여다볼까?

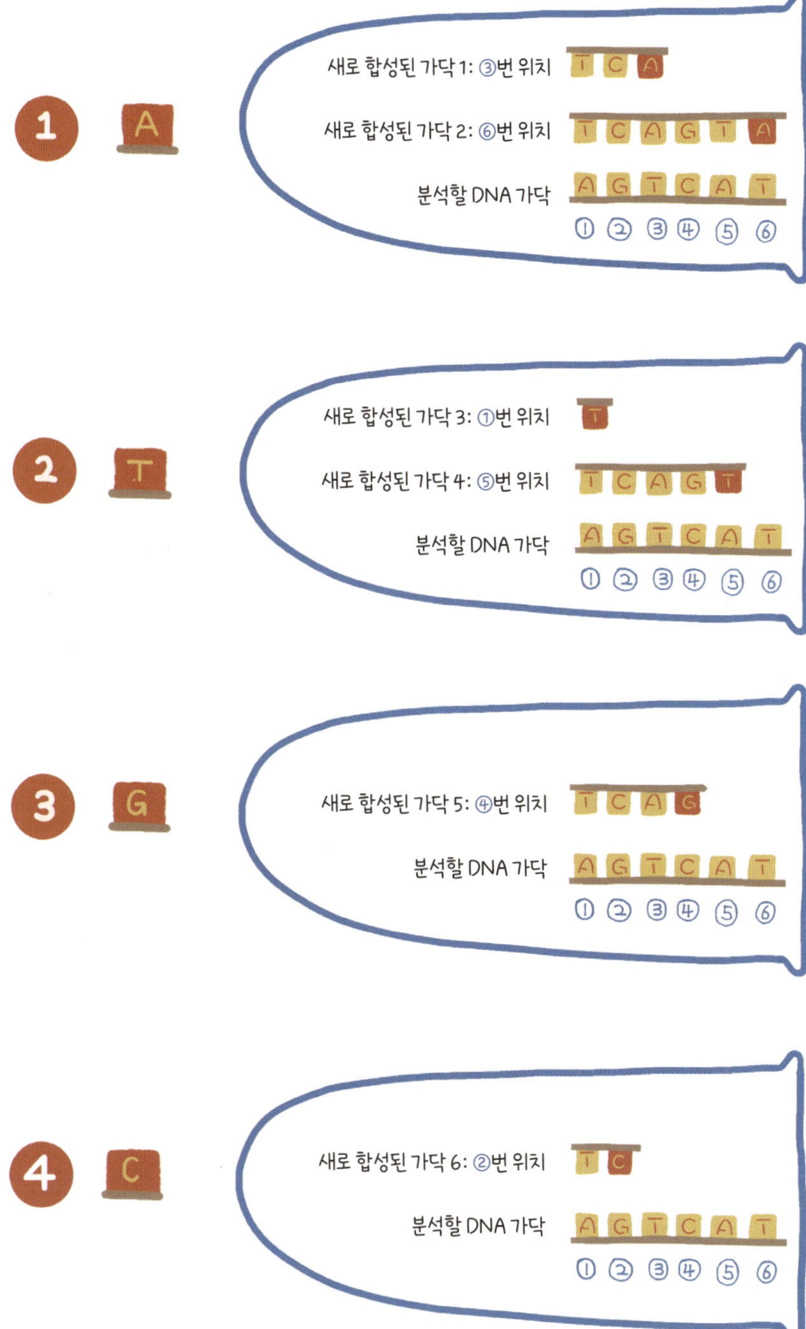
새로 합성된 가닥 1: ③번 위치
새로 합성된 가닥 2: ⑥번 위치
분석할 DNA 가닥
새로 합성된 가닥 3: ①번 위치
새로 합성된 가닥 4: ⑤번 위치
분석할 DNA 가닥
새로 합성된 가닥 5: ④번 위치
분석할 DNA 가닥
새로 합성된 가닥 6: ②번 위치
분석할 DNA 가닥

외팔이 뉴클레오타이드를 매단 새로운 DNA 가닥들이 무작위로 만들어지는 반응이 끝났다면, 이제 젤을 채운 전기영동★ 장치에 이 시험관들을 넣고 전류를 흘려 DNA를 분리할 차례야. 이때 시험관 한 개는 전기영동 레인 하나와 같다고 보면 돼. 그러니까 이 경우는 레인이 네 개겠지.

외팔이 뉴클레오타이드를 매단 DNA는 길이에 따라 정렬돼. 그 길이가 짧을수록 빨리 달리고, 길이가 길수록 늦게 달리거든.

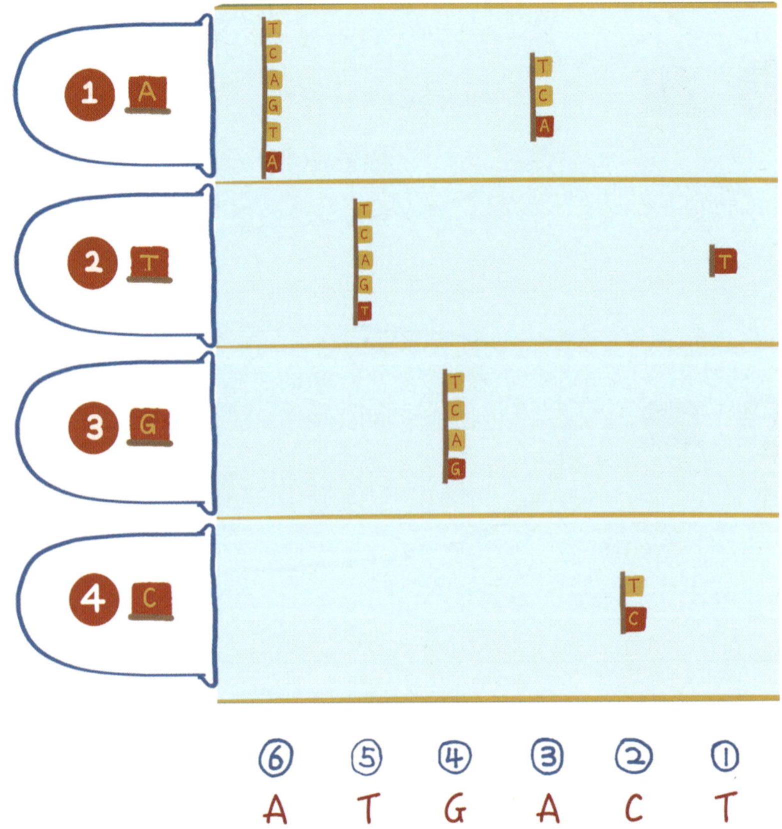

★ **전기영동** 젤에 분석하고 싶은 물질을 놓고 전기를 흘려보내면, 물질이 성질에 따라 다르게 움직이는 현상을 이용한 물질 분석 방법이다. 젤 안의 물질이 헤엄치듯 매끄럽게 움직여서 '영동'이라는 이름이 붙었다.

외팔이 뉴클레오타이드는 미리 표지해 두었기 때문에, 어떤 뉴클레오타이드가 어느 수영장 레인에 어떻게 배열되었는지를 정확하게 알아볼 수 있어. 즉 우리는 DNA 가닥이 어떤 순서로 배열되었는지 알아낼 수 있지.

짜잔! 이제 기적을 목격할 시간이야!

우리가 찾아낸 DNA 가닥의 염기서열은, 읽고 싶은 원래 DNA 가닥의 염기서열과 정확히 상보적이야!

진리를 퍼뜩 깨달은 기분이야? 아니면 아직도 멍하고 혼란스러운 기분이야? 조금 어렵긴 하지만 똑똑하기로는 둘째가라면 서러울 독자 여러분이라면 이해할 수 있을 거야.

찾아낸 DNA의 염기서열

분석하고 싶은 DNA의 염기서열

생어는 이 DNA 염기서열 분석법을 발명한 공로로 두 번째 노벨화학상을 탔고, 영광스럽게도 지금까지 노벨화학상을 두 번이나 수상한 유일한 과학자야. 그런데도 생어는 돈과 명예에는 관심을 두지 않고 계속 실험에 전념했다고 해.

그러다가 65세가 된 어느 날, 문득 자신은 이제 많이 늙었으니 젊은 세대에게 자리를 물려줘야겠다고 생각한 생어는 실험실을 떠나 자연에서 식물을 키우며 조용히 살았지.

망원경 덕분에 광활한 우주를 조금이라도 볼 수 있게 되었듯이, 현미경 덕분에 우리는 미시 세계를 관찰할 수 있어.

그리고 생어의 염기서열 분석법 덕분에 우리는 스스로의 유전정보를 읽을 수 있게 되었어. 생어의 발명은 삶과 생명을 이해하는 방식도 바꿔 놓았고, 더 나아가 우리 손으로 생명체를 바꿀 수 있다는 영감을 주기도 했어.

# 과학자의 해설

생명체의 가장 기본적인 유전물질인 DNA는 우리 각자에게 개성을 불어넣어 줍니다. 그러면 자신의 DNA가 유일무이하다는 사실은 어떻게 알 수 있을까요? 이 질문에 답하려면 우리는 세포를 구성하는 DNA 속 60억 개에 달하는 염기를 일일이 분석해야 합니다. 정말로 쉽지 않은 일이지요. 과학자들은 반세기가 넘는 세월 동안 큰 노력을 기울여 이 거대한 규모의 일을 해냈습니다(이를 인간 유전체 프로젝트 혹은 게놈 프로젝트라 하는데, 유전체란 한 생물의 유전자 전체를 이르는 말이지요). 그리고 이번 장에서 다룬 생어의 염기서열 분석법이 그 성공의 밑거름이 되었습니다.

생어의 정식 이름은 프레더릭 생어(Frederick Sanger, 1918년 8월 13일~2013년 11월 19일)로 영국 글로스터셔주에서 태어났습니다. 95년의 삶을 사는 동안 단백질과 DNA 염기서열 연구에 누구도 따라올 수 없는 위대한 공헌을 했습니다. 생어는 같은 분야의 노벨상(화학상)을 두 번 수상한 유일한 과학자고, 또 그의 이름을 따서 지은 케임브리지대학교의 웰컴 트러스트 생어 연구소는 세계 최고의 유전학 연구 기관이기도 합니다.

생어 염기서열 분석법의 원리는 DNA 이중나선구조와 반보존적 복제 메커니즘에 대한 이해를 바탕으로 하고 있습니다. 이는 곧 어떤 DNA 주형 가닥의 염기서열을 알고 싶다면 해당 DNA의 복제 과정에서 생성되는 새로운 가닥에 어떤 염기가 삽입되는지 확인한 후 염기의 상보적 결합 원칙에 따라 거꾸로 DNA 주형 가닥의 염기서열을 추론하면 된다는 뜻입니다. 하지만 너무도 빠른 DNA 복제 속도가 문제가 됩니다. 예를 들어 대장균의 DNA는 1초당 천 개의 염기를 복제할 정도입니다. 그래서 특정한 염기의 정체를 밝히려면 염기가 삽입된 후에 DNA 복제를 멈출 수 있는 방법을 찾아야 했습니다. 생어는 1975년에 동위원소를 표지한 다이디옥시라이보뉴클레오타이드로 이 문제를 슬기롭게 해결했습니다. 또 이 기술로 대장균을 숙주로 삼는 박테리오파지 '파이-엑스174($\phi$-X174)'의 유전체 염기서열 분석에 성공했습니다. 그리고 대략 20년이 지나 생어 염기서열 분석법의 원리를 바탕으로 새롭게 '모세관 전기영동 염기서열 분석법'이 탄생했습니다. 표지의 도구로 형광 물질을 사용하고 모세관을 이용함으로써 분석 효율을 높인 이 방법은 인간 유전체 프로젝트에서 탁월한 실력을 발휘했으며, 이후 새로운 유전자 염기서열 분석법을 개발할 때 꼭 참조하는 '최적 표준', 즉 골든 스탠다드가 되었습니다.

오늘날 우리는 유전자 염기서열 분석 기술 덕분에 저렴한 비용으로 단 며칠 만에 나의 DNA가 어떻게 구성되어 있는지, 나의 다양한 개성과 나의 DNA가 어떤 연관성이 있는지를 알 수 있게 되었습니다. 이 모든 발전의 기초를 생어가 다졌다는 사실을 꼭 기억하길 바랍니다!

왕민(汪敏) 박사
개인 유전체학 서비스 기업 베리타스 지네틱스
아시아·태평양 지역 연구·개발 담당 부사장

# 유전자를 마음대로 오려 붙이는 기술이 탄생하다

유전공학의 역사는 어떤 멋진 만남에서 시작되었어.
그날 이후로 인간은 유전자를 자유자재로 주무를 수 있게 되었지.

이 모든 일은 열대지방의 한 작은 섬에 있는 도시인 호놀룰루에서 이루어진 멋진 만남에서 시작되었어.

1972년 11월, 하와이 호놀룰루

허버트 보이어(Herbert Boyer)는 건장한 체격을 자랑하는 샌프란시스코 출신의 남자였어. 그는 눈에 잘 띄지도 않을 만큼 작은 패스트푸드 가게에서, 스탠퍼드대학교의 강사인 스탠리 코언(Stanley Cohen)을 만났어. 우연히 만난 두 분자생물학자는 베이컨 샌드위치를 허겁지겁 먹어 치우며 각자의 연구 분야에 대해 즐겁게 이야기를 나누었지.

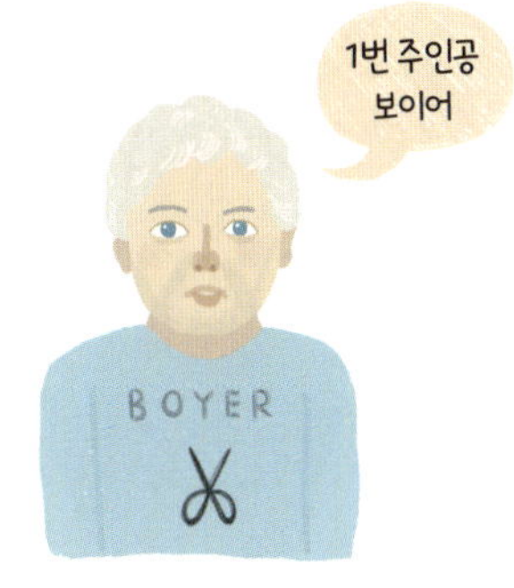



캘리포니아대학교
샌프란시스코캠퍼스(UCSF) 조교수

보이어는 제한효소라는 걸 연구하고 있었어. 그게 뭐냐 하면, DNA의 특정한 염기서열을 찾아내어 자르는 일종의 분자 가위야. 이 효소는 바이러스로부터 세균을 지키는 역할을 하지. 바이러스의 DNA를 뚝 잘라서, 세균 안에서 바이러스가 증식하는 것을 막아 주거든.

**1** 한 분자 가위는 하나의 염기서열만 잘라 낼 수 있어. 어떤 분자 가위는 'GAATTC'가 보이기만 하면 잘라 버리고, 어떤 분자 가위는 'CCGG'만 쫓아다니며 자르지.

**2** 그림을 봐. 어떤 부분은 AATT가 남아 있고, 어떤 부분은 CG가 남아 있어. 즉, 잘려 나간 부분의 모습들이 제각각이야.

**3** 잘려 나간 부분들에, 다른 생물체에서 얻은 DNA를 이어 붙일 수 있어. 서로 붙을 수 있도록 염기서열을 상보적으로 맞추면 되지. (예를 들어, CG부분에 붙을 새로운 DNA는 GC로 시작하면 되겠네.)

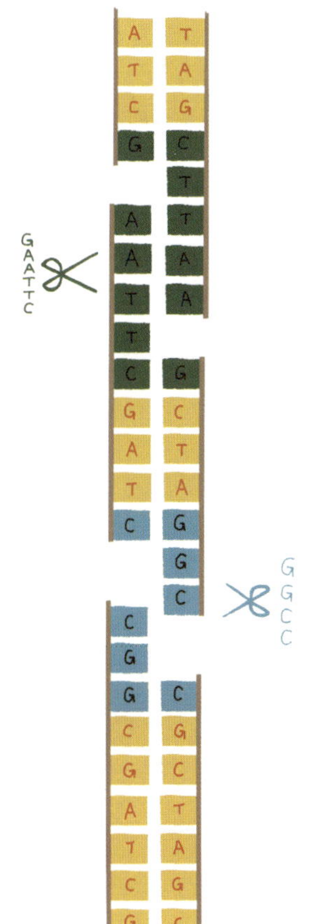

한편 코언은 플라스미드(Plasmid)를 연구하고 있었어.

세균 안에는 커다란 고리 모양의 DNA 분자가 있고, 여기에 유전정보가 담겨 있어. 그런데 이것과 별개로 작은 고리 모양의 DNA 분자가 있는데, 이게 플라스미드야. 플라스미드는 세균의 유전체와 별도로 존재하면서 스스로 복제하고 증식하는 능력이 있어. 코언은 세균에서 이 작은 고리 모양의 플라스미드를 채취하는 신기술을 발명했어.

코언의 아이디어는 다음과 같았어. '플라스미드에 외부 유전자를 끼워 넣으면, 세균이 빠르게 번식하는 과정에서 외부 유전자도 같이 대량으로 복제될 거야. 그렇게 대량으로 복제된 외부 유전자가 우리에게 필요한 단백질을 뚝딱뚝딱 만들어내는 거지!'

그래서 코언은 플라스미드에 외부 유전자를 끼워 넣을 방법을 계속 찾아다녔어.

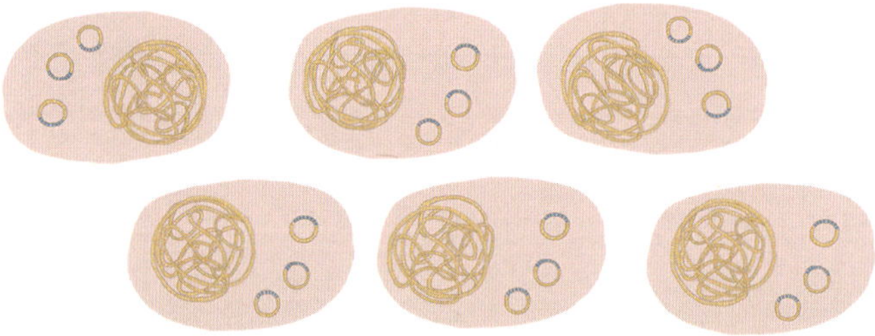

보이어의 분자 가위는 코언이 찾아 헤매던 바로 그 도구였어. 바로 마음을 모은 두 사람은, 이제는 전설이 된 실험을 진행했지.

우선 두 과학자는 대장균에서 플라스미드를 추출하고, 플라스미드의 DNA를 제한효소로 잘라냈어.

그 다음으로 개구리 세포에서 DNA를 추출하고, 이것도 앞서 사용한 제한효소로 잘라냈어.

마지막으로, 개구리 세포에서 추출한 DNA와 플라스미드의 DNA를 한데 연결한 후 대장균에 도로 넣었어.

그랬더니 벌어진 일. 대장균에서 개구리 단백질이 만들어졌지. 그야말로 새로운 생물이 탄생한 거야!

좀 어렵지? 친절한 완두 씨가 여러분을 위해 그림으로 설명할게.

내가 가진 티셔츠가 너무 밋밋해서 좀 바꾸고 싶다고 생각해 보자.

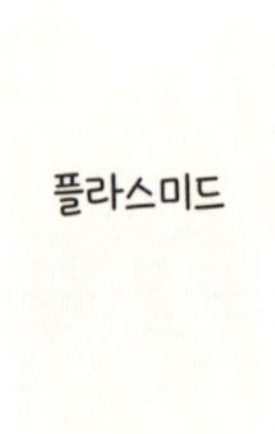


옷을 고쳐 입으려면 가위와 재봉틀이 필요하겠지. DNA 제한효소가 옷을 자르는 가위, DNA 연결효소가 옷을 이어 붙이는 재봉틀인 거야.

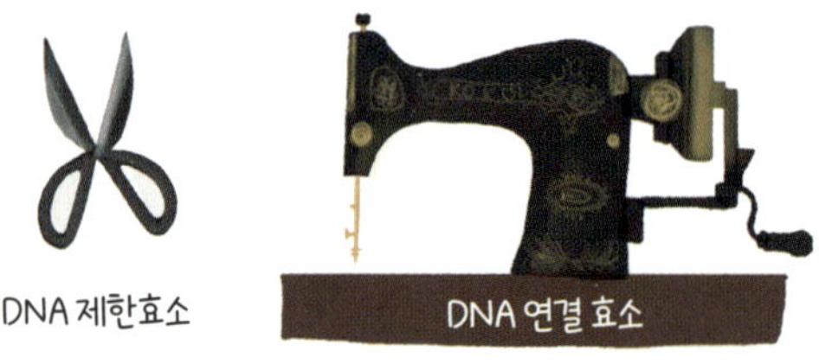


쓱싹쓱싹 잘라 내고 드르륵하고 재봉틀로 박으면, 티셔츠가 내가 좋아하는 스타일로 재탄생해.

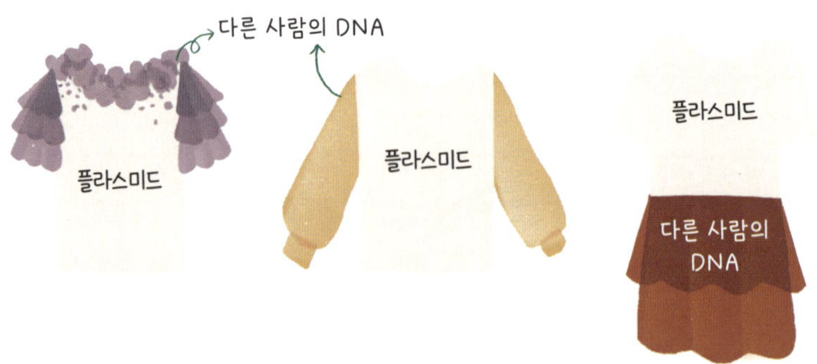

이제 옷을 유전자라고 생각해 봐. 어떤 유전자라도 내 마음대로 바꾸는 것, 이게 바로 유전공학이야.

유전공학의 탄생은 생명공학의 새로운 문을 열었어.

보이어는 가장 먼저 상업적 기회를 잡은 과학자가 되었어. 1976년에 보이어는 세계 최초의 바이오기업*인 제넨텍(Genentech)을 설립했지. 2년 후에 제넨텍은 인공 인슐린 생산에 성공함으로써, 셀 수 없이 많은 당뇨병 환자들에게 기쁜 소식을 전해 주었어.

★ **바이오기업** 생명과학을 활용하여 인류가 필요로 하는 유용한 물질과 서비스를 생산하는 기업을 말한다.

그 이후, 수많은 유전공학자들은 생명을 구하는 약물을 잇달아 개발했어. B형 간염 백신, 저신장 치료를 위한 인간 성장 호르몬, tPA(혈전을 녹이는 단백질)가 들어간 심혈관질환 치료용 약 등등.

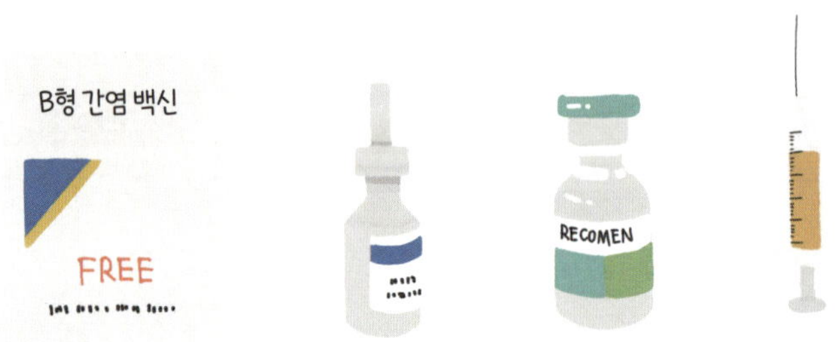


유전공학은 인류가 원자폭탄 다음으로 손에 넣은 강력한 기술이지. 그렇다면 질문. 유전공학도 원자폭탄처럼 위험할까?

사실 유전공학이 갓 싹을 틔운 1973년부터 과학자들은 유전공학의 위험성을 두고 고민했어. 78명의 분자생물학자들은 이 새로운 분야에 관심을 기울이고 안전 지침을 만들어 달라는 내용의 공동 성명을 미국국립과학원에 보냈지.

그리고 1976년에 미국국립보건원이 안전 규정을 발표할 때까지, 보이어와 코언을 포함한 많은 과학자는 자발적으로 유전자변형 실험을 멈췄어.

과학자들은 새로운 기술을 사용할 때 보통 사람들보다 훨씬 더 일찍, 깊게, 멀리 생각해. 우리가 접하는 새로운 제품들은 여러 번의 실험을 거치고 엄격한 안전 기준을 통과하여 세상에 나왔어. 그러니 그 제품의 정체를 제대로 알기 전에 우리의 경험이나 생각을 근거로 나쁘다고 결론 내리면 안 돼. 어떤 사람의 겉모습만 보고 그 사람에게 편견을 가지면 안 되는 것
과 마찬가지지.

# 과학자의 해설

'유전공학'이라는 단어를 들어 본 사람은 많지만, 그 기술을 제대로 이해하고 있는 사람은 많지 않습니다. 그래서 이번 장에서는 유전공학의 탄생 과정을 설명했습니다. 우연히 만난 보이어와 코언이라는 두 과학자가 의기투합했고, 두 사람이 힘을 합친 끝에 유전공학이 탄생했으며, 생명공학의 새로운 발전으로 이어졌다는 점을 알 수 있었죠.

유전공학이라는 생물학 연구의 새로운 획을 그은 혁신적인 기술 덕분에 우리는 유전자의 구조와 기능을 더 빨리 알게 되었습니다. 생명공학의 발전을 위해 튼튼한 기초를 만들기도 했고요.

오늘날 유전공학은 이미 의료, 보건, 산업 및 농업 등 다양한 분야에서 성공적으로 활용되고 있습니다. 의료 분야에서는 유전자치료라는 복음을 인류에게 전했고, 산업 분야에서는 유전공학으로 형질을 전환한 세균을 이용해 치료제와 바이오연료를 생산합니다. 나아가 환경 정화와 환경 모니터링 같은 환경 산업에 이용하기도 하고, 광물을 캐는 채광 작업까지 맡기고 있지요. 또 농업 분야에서 유전공학은 농산물의 생산량을 늘리고, 농산물의 영양소를 개선하고, 병충해를 이기는 저항 능력을 높입니다. 뿐만 아니라 소와 양의 젖으로 의료에 필요한 단백질 신약도 생산하고 있습니다.

유전공학의 탄생 이후 과학자들은 유전자 재조합에 이용되는 다양한 신기술을 개발해 왔습니다. 그리고 유전공학이 불러온 윤리와 안전 문제에 관한 논쟁도 줄곧 이어지고 있습니다. 하지만 저는 세계 각국의 과학자들이 힘을 모으면 유전공학은 분명 인류에 더 이롭게 쓰이리라 믿습니다.

뤄충린(羅崇林) 박사
유전체 서비스 기업 '제네케어 헬스테크놀로지' 수석 과학 책임자

# 멀쩡한 세포가
# 좀비로 변하는 이야기 1

모든 사람이 두려워하는 암에 관한 이야기를 들려 줄게.

유전자에 '변이'가 일어나면 어떤 일이 벌어질까?

정상세포가 돌연 암세포로 변해 버리고,

좀비처럼 우리 몸속을 휘젓고 다니며 모든 것을 파괴하지.

　이번 장에서는 듣는 사람마다 오들오들 떨게 만드는 암에 관한 무서운 이야기를 들려 줄게. 우리 친구들이 너무 무서워할까 봐, 특별히 배려하는 마음으로 이번에는 아주 귀여운 그림으로 이 이야기를 시작할게.

　아주 오래전, 우리 할아버지의 할아버지의 조상님이 살았던 시절인 기원전 1,600년쯤에 말이야, 이집트는 파피루스를 종이 대신 쓰고 있었어. 파피루스는 이집트에 서식하는 갈대의 일종인데, 진짜 풀을 엉덩이를 닦는 데 쓰지 않고 기록하는 데 썼지. 바로 이 파피루스에 암에 관한 최초의 기록이 담겨 있어.

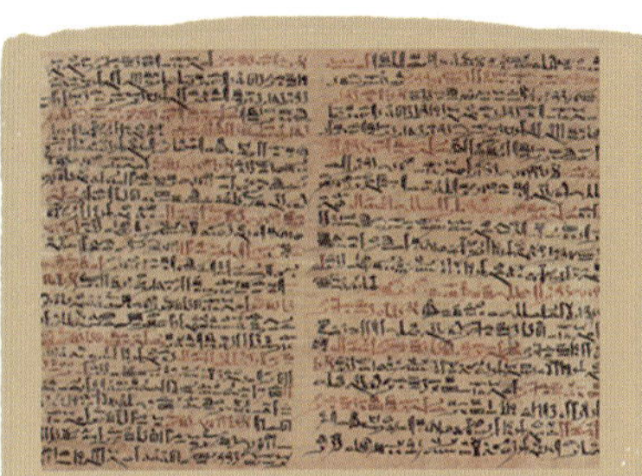

해석 →

그의 가슴에 어느 날부터 커다란 종양 덩어리가 생겼다. 그의 몸에서는 열이 났고, 곧이어 그는 입에 흰 거품을 물기 시작했다.
우리는 이것이 무슨 병인지 알지 못했다. 우리는 이것을 하늘이 내리는 큰 벌이라고 생각했다…

　그때부터 사람들은 암의 원인을 계속 찾아 헤맸지만 아무런 성과도 없었어.

## 1

# 바이러스가 암을 일으킨다는 주장

1960년대에 바이러스가 동물을 감염시키고 암도 유발한다는 사실이 발견되었어. 그러자 과학자들은 '어쩌면 사람의 암도 바이러스가 유발하는 것은 아닐까?'라고 생각했지.

너나 할 것 없이 적극적으로 암을 일으키는 바이러스를 찾아 헤맨 끝에 과학자들은 마침내 '라우스 육종 바이러스(Rous Sarcoma Virus)'라는 바이러스를 찾아냈어.

(완두 씨의 조언: 모두 함께 따라 해! 하나, 둘, 셋, 라우스 육종 바이러스는 라우스 박사가 발견한 바이러스! 자, 이제 외우기 쉬워졌지?)

이 바이러스는 암을 일으키지 않는 유형과 암을 일으키는 발암 유형으로 나뉘어. 그리고 암을 일으키는 유형은 암을 일으키지 않는 유형에 ⌇이렇게 생긴 유전자가 추가로 달려 있는 형태야. 이 유전자의 이름은 SRC야.

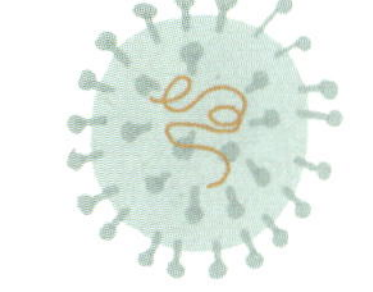

암을 일으키지 않는 유형

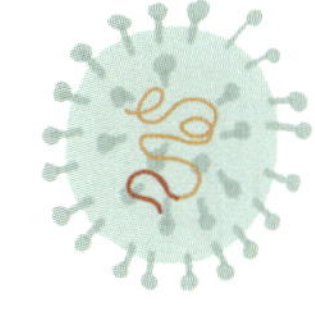

암을 일으키는 유형

## 유전자가 암을 일으킨다는 주장

과학자들은 암을 유발하는 진짜 원흉은 바이러스 자체가 아니라 SRC 유전자가 아닐까 추측했어. 바이러스가 SRC 유전자를 자기가 감염시킨 세포의 유전체 속에 끼워 넣었더니 암이 생겼거든. 건물을 폭파하려는 테러리스트가 폭발물을 몸에 넣고 다니는 것과 같지.

## 유전자의 돌연변이가 암을 일으킨다는 주장

SRC 유전자가 암을 일으킨다는 주장이 거의 자리를 잡으려 하던 때, 두 사람이 닭을 안은 채 허겁지겁 뛰어오며 이렇게 소리쳤어. "잠깐만 기다려!"

이 두 과학자는 건강한 암탉의 몸에서 SRC 유전자와 비슷한 유전자를 찾아 냈어. 하지만 이 암탉은 암에 걸리지 않았지. 뒤이어 두 사람은 여러 종류의 동물뿐만 아니라 심지어 사람 몸에서도 SRC 유전자와 닮은 유전자를 발견했어.

SRC 유전자, 그리고 SRC 유전자와 닮은 유전자가 이렇게 다양한 생물체에 퍼져 있다는 것이 무엇을 뜻할까? SRC 유전자는 생물체가 진화하는 과정을 같이 거치면서도 제 모습을 완벽히 보존하는 능력이 있다는 뜻이야. 또한 생물체에 꼭 필요한 유전자라는 뜻이기도 해. 그러면 이 유전자는 도대체 어떤 역할을 할까?

이후 1980년대 초가 되자 '닭을 품에 안고' 나타난 두 과학자는 SRC 유전자가 세포의 성장을 조절하는 역할을 한다는 사실까지 밝혀냈어.

그리고 1989년, 그들은 닭이 아니라 노벨생리의학상을 안게 되었지. 참고로 이 두 과학자의 이름은 해럴드 바머스(Harold Varmus)와 존 비숍(John Bishop)이야.

새로운 발견은 여기서 그치지 않았어. 1981년에 MIT의 로버트 와인버그(Robert Weinberg)는 인간 암세포에서 암을 일으키는 유전자를 최초로 분리한 후, 이를 RAS 유전자라고 이름 붙였지.

와인버그는 정상 RAS 유전자와 발암 RAS 유전자의 차이가 겨우 염기 한 개에 불과하다는 사실을 알고 깜짝 놀랐어.

SRC 유전자와 RAS 유전자는 모두 생명체의 정상 유전자야. 만약 생명체가 공장이라면 세포는 열심히 일하는 보통 직원이라고 할 수 있어.

그런데 어느 날 SRC 유전자와 RAS 유전자에 변이가 생긴 거야. 열심히 일하던 직원들은 정신 나간 좀비가 되어 사방의 물건을 부수고 다녀. 이게 바로 암이야.

대체 왜 이런 일이 일어나는 걸까?

# 과학자의 해설

'종양 유전자'와 '종양 억제 유전자'의 발견은 암 연구의 중요한 이정표입니다. 이 덕분에 암 발생 기전에 대한 유전학 연구가 본격적으로 시작되었기 때문입니다. 바이러스가 만들어 낸 몇 가지 종양 유전자를 제외하고, 우리 몸속에 있는 대부분의 종양 유전자와 종양 억제 유전자는 우리 몸의 성장과 발육에 무척 중요한 역할을 합니다. 한편 유전, 자외선, 화학 물질은 유전자변이를 일으키는 요인이 될 수 있습니다. 종양 유전자나 종양 억제 유전자에 작은 변이가 일어나면 종양 유전자가 지나치게 활성화하거나, 종양 억제 유전자의 기능을 잃게 만들 수 있지요. 그러면 돌연변이 유전자가 들어 있는 세포는 결국 정상적인 범위를 벗어나 자라나 점점 더 큰 세포 덩어리를 만드는데, 이것이 바로 우리가 흔히 '암'이라고 부르는 종양이랍니다. 종양은 숙주의 몸에서 영양분을 빼앗고, 또 다른 부위로 자리를 옮겨 새로운 진지를 구축하기도 합니다. 그러다가 통제를 잃고 마구잡이로 자라난 종양 때문에 생명체는 제 기능을 잃고, 끝내 목숨까지 잃게 되지요.

아직 완벽하게 암을 정복하지는 못했지만 미국이 '암 정복 계획'을 시작한 이후 암 메커니즘 연구는 크게 발전했고, 이 덕분에 우리는 유전자변이가 일으키는 것으로 확인된 다양한 암을 예방하고 또 정밀하게 치료할 수 있게 되었습니다. 예를 들어 BRCA1과 BRCA2 유전자(둘 다 유방암을 막아 주는 종양 억제 유전자입니다)에 변이가 있으면서 유방암 가족력도 있는 환자라면, 예방적 수술과 치료를 받을 수 있게 되었습니다. 또 이미 많은 제약사가 EGFR 유전자에 변이가 생긴 폐암 환자를 위해 환자의 생존 기간을 6개월에서 2년 정도로 연장할 수 있는 치료제를 개발했지요. 모든 사람이 자신의 유전정보를 잘 알게 된다면 많은 질병을 효과적으로 예방하고, 또 기존 질병을 위해 더 효과적인 치료 계획을 세울 수 있다고 믿습니다.

후쥔하오(胡軍浩) 박사
중국과학원 생물·화학 학제간 연구센터 연구팀 팀장

# 멀쩡한 세포가
# 좀비로 변하는 이야기 2

유전자변이는 왜 좀비를 일으킬까?

유전자변이가 암을 유발하는 메커니즘은 아주 다양해.

그래서 이 메커니즘을 알아야 제대로 암을 이해할 수 있지.

지피지기면 백전불태니까 말이야.

앞서 우리는 유전자변이가 정상 세포를 좀비 같은 암세포로 변하게 한다고 배웠어. 어쩌다 그런 일이 일어나는지 알아보자.

정상 세포는 생명 주기가 있어. 즉 사람처럼 태어나고, 늙고, 병들고 죽지. 그리고 이 과정만 담당하는 몇몇 유전자가 있어.

만약 이 유전자에 변이가 생기면 원래 있던 중요한 기능이 사라질 수도 있어. 변이가 생기는 원인은 다양해. 부모로부터 물려받은 선천적 변이도 있고, 환경이나 생활 방식 때문에 생긴 후천적 변이도 있어.

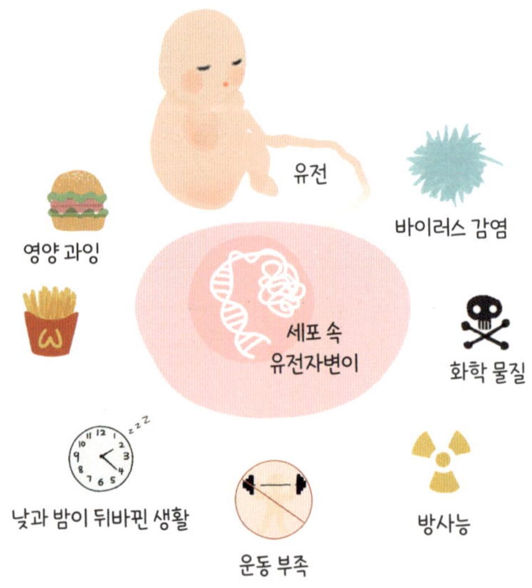

선천적 혹은 후천적 유전자변이가 정상 세포 속에 서서히 쌓여 늘어나면, 어느 날부터 세포가 태어났다가 사라지는 정상적인 과정에서 벗어나. 즉 마구잡이로 늘어 죽지 않는 암세포로 변하는 거지.

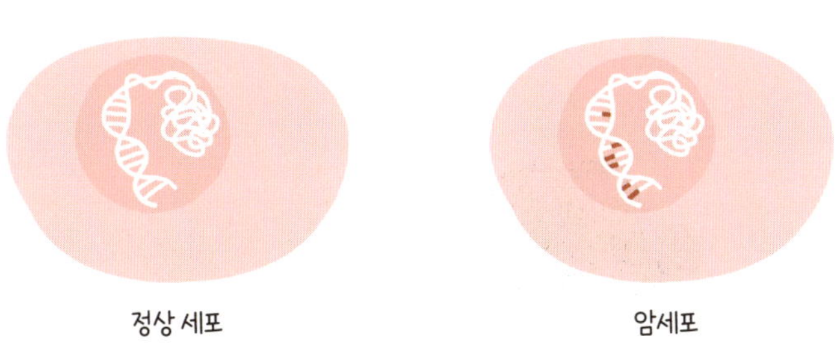



그럼 어떤 유전자변이가 세포를 '좀비'로 변하게 할까?

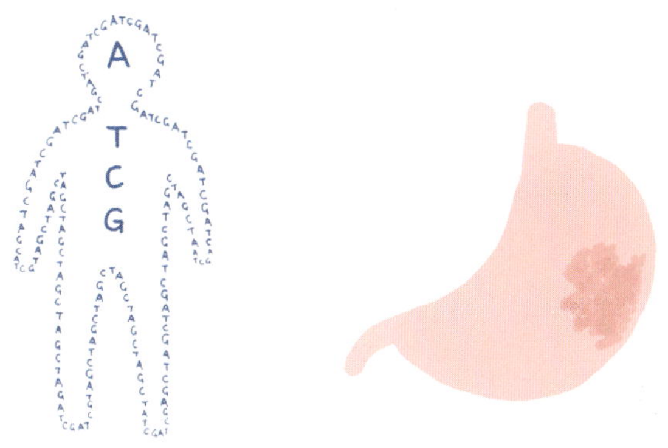

세포를 좀비로 변할 때 관여하는 유전자는 크게 세 가지 유형이 있는데, 모두 세포의 생명 주기와 밀접한 관계가 있는 유전자야.

# 전암 유전자(Proto-Oncogene)

세포의 성장을 자동차 운전에 비유한다면, 변이가 일어나지 않은 전암 유전자는 정상적으로 가속 페달을 밟는 상태라고 할 수 있어.

앞서 소개한 SRC 유전자와 RAS 유전자가 바로 이 유형에 속해. 즉 정상적일 때는 세포의 성장을 촉진하는 역할을 해.

정상적인 세포 분열

그러다가 가속 페달이 고장 나면 자동차는 통제를 벗어나고 말아.

종양 유전자(Oncogene)로
변이

비정상적인 세포 분열

## 2

# 종양 억제 유전자(Tumor Suppressor Gene)

정상적인 종양 억제 유전자는 세포 성장 억제를 담당해. 가속 페달이 고장 났을 때 브레이크로 차의 균형을 맞추는 것처럼 말이지.

정상적인 종양 억제 유전자                    변이된 종양 억제 유전자

그러나 브레이크가 고장 나면 자동차 사고가 일어나게 되지.

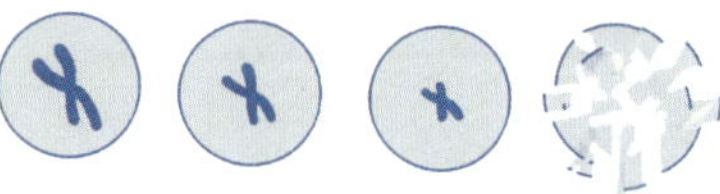

# 기적의 유전자

세포가 분열할 때마다 염색체 끝부분인 말단체(Telomere)가 짧아지는데, 더는 짧아질 부분이 없어지면 세포는 수명을 다하고 사라지지.

그런데 말단체를 보호하고, 특정한 정상 세포의 수명 연장을 도와주는 기적의 유전자★가 있어. 마치 불로장생의 약 같달까?

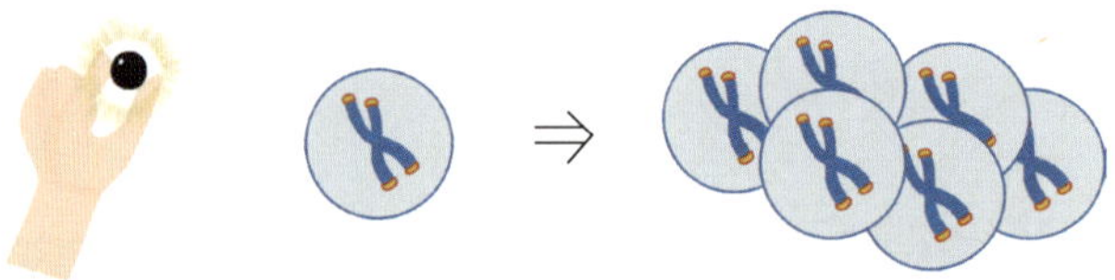

문제는, 이 기적의 유전자가 다른 세포 속에서 잘못 활성화할 때야. 그러면 세포는 늙지도 죽지도 않는 '좀비', 즉 암세포로 변해 버리고 말지.

정상 세포                    암세포

★ 텔로머레이스 유전자를 말한다. 텔로머레이스는 말단체의 손실을 복구하는 역할을 하는 효소인데, 이 효소를 만드는 유전자를 이 책에서는 '기적의 유전자'라고 칭했다.

암세포가 걷잡을 수 없이 자라나 그 수가 더 많아지면
종양 덩어리가 되지.

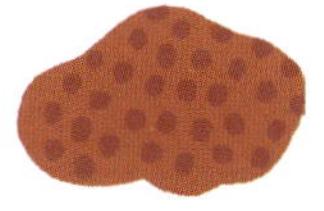

그 크기가 커져서 더는 자기 주변의 영양분만으로는 자랄 수가 없어진 종
양은, 혈관의 수를 늘리는 '혈관내피성장인자'를 뿜어내. 그러면 혈관이 늘어
나고, 암세포는 그 혈관을 타고 몸 곳곳으로 퍼져.

그런데 종양과 암이라는 용어들이 정확히 뭔지 모르겠다고? 그림으로 정
확히 알려 주지!

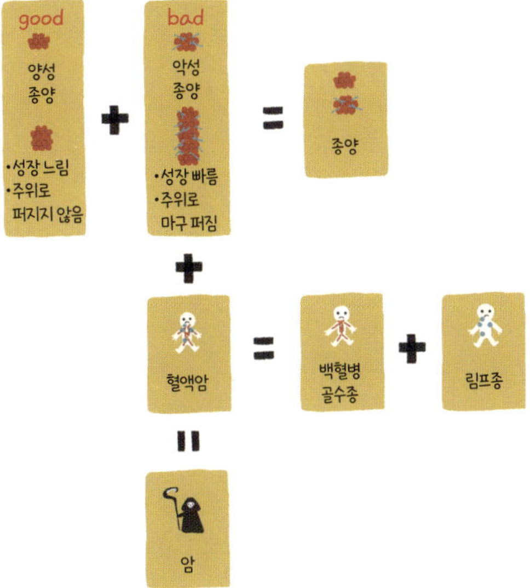

수천 년 전부터 기록되었을 만큼 아주 오래되고, 듣기만 해도 간담을 서늘하게 만드는 '만병의 왕'인 암은 복잡하면서도 신비로운 존재야. 바깥에서 우리 몸속으로 들어오는 것이 아니라 몸에서 만들어지거든.

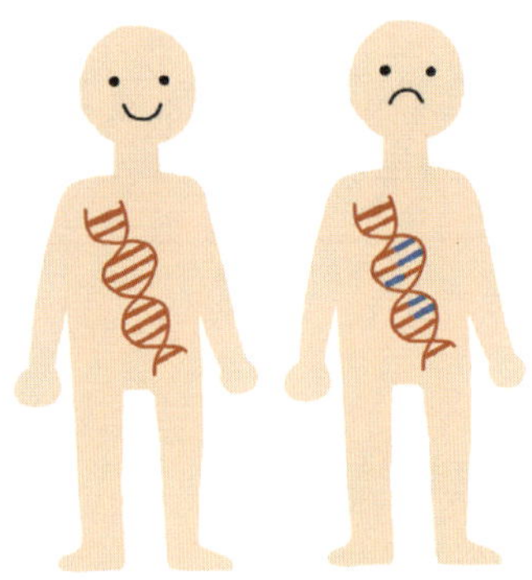

그래서 유전자를 통해 암을 파악하는 것은 우리 인간이 암을 제대로 이해하게 되었다는 사실을 의미해. 적을 제대로 알아야 물리칠 수 있잖아.

유전학이 발전한 덕분에 우리는 개인의 특성에 맞추어 병의 치료법을 찾을 수 있게 되었어. 이른바 '정밀의료' 시대를 맞이한 거지. 그리고 암과 맞서 싸울 수 있는 새로운 무기도 손에 쥐었고 말이야. 이제 우리에게는 더 많은 선택권이 생겼어. 어려운 선택지까지 생겨 버렸다는 게 문제지만!

# 과학자의 해설

이번 장에서는 암의 기본 개념을 실감 나게 설명했습니다. 그런데 과학자의 눈에 비친 암은 어떤 존재일까요? 암에 관한 수수께끼가 여전히 많이 남아 있는 만큼 아마 이 질문에 정해진 답은 없겠지만, 암은 어떤 특정한 하나의 질병이 아니라고 간단히 말할 수 있겠습니다. 암은 그 종류에 따라 생물학적 특성이 하늘과 땅의 사이만큼이나 크게 차이 나기 때문입니다. 어떤 종양은 신기하게도 자라나다가 저절로 사라지기도 하고, 어떤 종양은 몇 년 동안 꾸준히 검사를 받아도 나타나지 않다가 어느 날 갑자기 다시 튀어나오기도 하고, 또 어떤 종양은 의사도 어디서 처음으로 생겼는지 파악하지 못하기도 합니다.

암세포는 여러 얼굴을 가지고 있습니다. 예를 들어 암의 유전체는 불안정한 탓에 변이가 쉽게 일어나서 치료제를 써도 암세포는 약에 쉽게 내성이 생깁니다. 또 암세포의 변이는 유전체에서만 이뤄지지 않습니다. 한창 분열 중이거나 다른 부위로 옮겨가던 암세포는 세포의 주기적 변화를 억제하는 치료제를 만나게 되면 잠시 활동을 중단하는 휴면 상태에 들어가는데, 휴면 상태가 된 암세포는 치료제의 공격을 피할 수 있게 되지요. 사실 암세포는 죽지 않는 불멸의 세포가 아니라서 많은 암에서 암세포가 자연적으로 죽는 '자연 괴사' 현상도 발견되는데, 아직 과학자들은 그 이유를 찾아내지 못했습니다. 또 이미 많은 종양 유전자가 발견되었지만 치료제로 해결되지 않는 종양 유전자가 절대적으로 더 많습니다. 유전체 분석 기술의 발전 덕분에 우리는 이제 모든 암 환자의 유전체를 분석할 수 있지만, 암 유전체 프로젝트는 우리의 기대와 달리 암의 아킬레스건을 찾아내지는 못했습니다. 인간 유전체 프로젝트가 한 인간이 어른으로 성장하는 과정에서 유전자가 무엇을 결정하는지 모든 것을 설명하지 못한 것과 마찬가지입니다. 바로 이 점 때문에 암에 관한 더 다양한 과학 연구를 계속해야 합니다. 아직도 우리는 암의 여러 근본적인 특성에 대해 알지 못합니다. 암세포는 어디에서 왔는지? 암세포는 어떻게 환경에 유연하게 적응하는지? 암세포의 치료제 내성은 어떻게 생기는지? 암세포가 면역치료에 내성을 가진다는 연구와 달리, 면역치료로 암을 완전히 뿌리 뽑을 수 있는지? 이 질문들의 해답을 찾아야 합니다. 암 완전 정복을 위해서는 더 많은 과학자의 끊임없는 노력이 필요합니다.

류하이쿤(劉海坤) 박사
독일 암연구센터 분자신경유전학과 주임

# 과학자가 노래하는
## 사랑과 희망

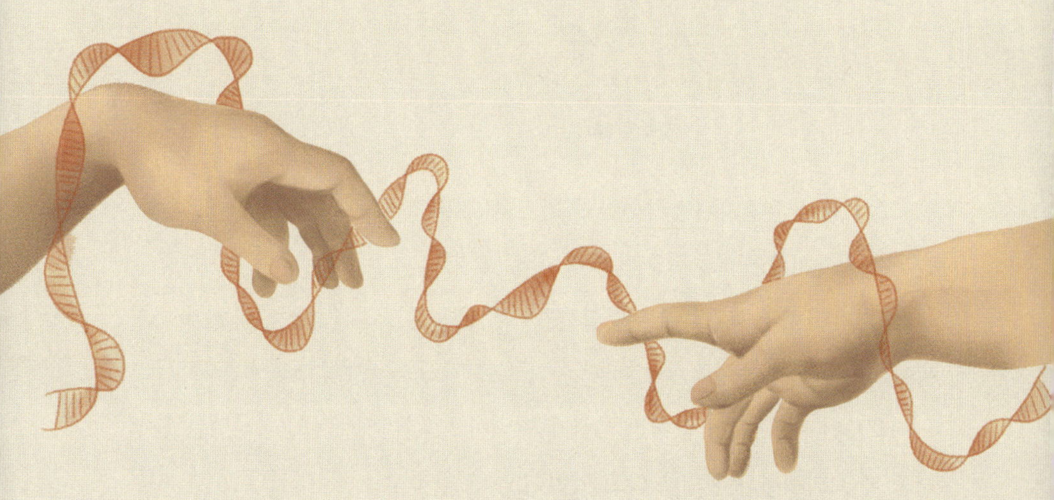

유전자치료가 등장한 덕분에
선천 이상도 치료할 수 있다는 희망을 처음으로 가질 수 있게 되었지.
과학 기술 혁신을 향한 길은 가시밭길처럼 험난하고,
때로는 실패하기도 하지만, 믿음을 잃지 않으면
희망은 언제나 그 자리에서 우리를 기다리고 있어.

미국의 시사 주간지 《타임(TIME)》이 선정한 '차세대 리더' 명단에 중국계 미국인 과학자 장펑(張鋒)이 이름을 올렸어. 생명을 바꾸는 기술로 과학을 발전시킨 공로를 인정받은 거지.

장펑(張鋒)

그는 최신 유전자편집기술인 크리스퍼(CRISPR)★ 연구를 진행했어. 이 기술은 유전자치료에 응용될 가능성이 매우 크지.

그렇다면 유전자치료란 무엇일까? 서두르지 말고 우선 아샨티라는 아이의 이야기를 들어 봐.

1990년, 아무 걱정 없이 행복하게 지내야 할 나이인 4살의 아샨티는 불행히도 매우 희귀한 유전병을 앓고 있었어.

★ **크리스퍼** 정식 명칭은 CRISPR-Cas9. 세균이 바이러스의 유전정보를 기억하여 스스로를 지키는 시스템을 이용한 유전자가위다. 만들기 간단하고, 시간이 적게 걸리며, 다중 절단이 가능하다는 등의 많은 장점이 있다. 자세한 설명은 17장에 등장한다.

유전적 결함 탓에 이 소녀의 몸은 ADA라는 단백질을 잘 만들지 못했어. 이 단백질이 부족하면 면역체계는 제 기능을 하지 못하고 병균의 침입도 막아내지 못해. 아샨티는 끊임없이 병에 시달렸고 생명까지 위태로운 지경이었지.

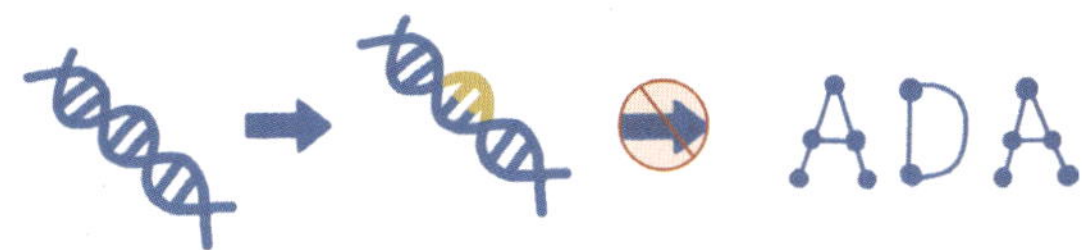

ADA 단백질을 몸에 넣는 가장 직접적인 방법을 써 봤지만 금방 실패로 돌아갔고, 많은 사람이 절망했어. 바로 이때 한 유전학자가 새로운 희망을 제시했어. 바로 '유전자치료의 아버지'로 불리는 미국의 유전학자 윌리엄 프렌치 앤더슨(William French Anderson)이었지.

그는 정상적인 ADA 유전자를 아샨티의 몸에 넣자고 제안했어. 이것이 현재 아샨티의 몸에 있는 결함이 있는 유전자를 대신하게 하자는 것이었지.

'유전자치료의 아버지'
윌리엄 프렌치 앤더슨

우선 그는 아샨티의 혈액에서 백혈구를 분리했어. 백혈구는 우리 몸에서 면역을 담당하는 세포를 말해.

그 다음, 생명공학 기술로 변형시킨 바이러스 벡터*에 정상 유전자를 담고, 백혈구에 주입했어.

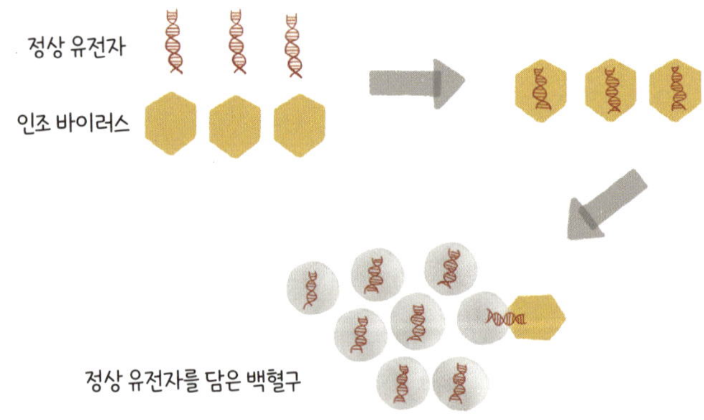



끝으로 정상 유전자를 담은 백혈구를 아샨티의 몸속에 도로 넣으면, 체내에서 ADA 단백질이 만들어지게 돼.

★ 벡터란 '전달자'라는 뜻으로, 유전공학에서는 특정 유전자를 목표하는 곳에 전달하는 도구를 말한다. 즉 '바이러스 벡터'란 바이러스를 이용해 만든 벡터를 말한다.

유전자치료는 아샨티의 몸을 건강하게 만드는 데 성공했어! 반년이 지나자 아샨티의 면역 체계는 정상 수준으로 회복되었고, 아샨티는 벌써 어른이 되었어.

이처럼 유전자치료는 결함이 있는 기존 유전자를 정상 유전자로 대체해 질병을 치료하는 방법이야.

정말 획기적인 치료법이지!

유전자치료는 선천적으로 유전자에 문제가 있는 환자에게 커다란 희망을 가져다 주었지만, 심각한 유전자치료 실패 사례도 있어.

2002년, 아샨티와 비슷한 병을 앓는 두 명의 프랑스 아이들이 유전자치료를 받았어. 면역 체계가 회복되는가 싶더니, 그만 백혈병에 걸리고 말았지.

아마 외부 유전자가 세포의 기존 유전체에 무작위로 삽입되는 과정에서 다른 전암 유전자의 구조를 무심코 파괴해 버려서, 전암 유전자가 제 기능을 잃어버리고 암이 발생한 것으로 추측돼. 결과적으로 이 치료는 실패라고 할 수 있지.

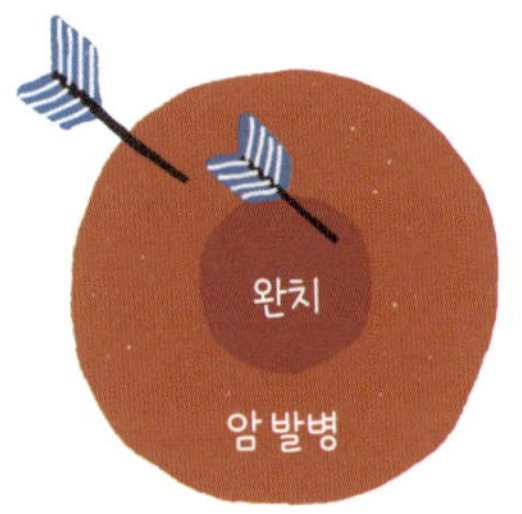

비극은 열정에 찬물을 끼얹었었지만, 희망을 없애지는 못했어. 크리스퍼 연구에 매진하는 장평, 유전학에 대한 전문적인 상담을 성실히 제공하는 유전학 전문가, 과학 지식을 알리기 위해 자그마한 힘을 보태고 있는 완두 씨를 비롯해 여전히 많은 사람들이 인간을 절망하게 하는 유전병과 싸워 이기기 위해 노력하고 있어. 이 세상은 사랑으로 가득하고, 사랑이 있는 곳에는 항상 희망이 있는 법이야!

# 과학자의 해설

최근 빠르게 발전 중인 크리스퍼 유전자편집기술은 노벨상 수상자를 자주 배출하는 화제의 기술이기도 합니다. 이러한 크리스퍼 연구 분야에서 획기적인 과학 연구 성과를 많이 낸 뛰어난 중국계 과학자 장펑은, 정밀의료와 유전병 치료와 검진에 이용되는 예측 도구인 질병 모델링 구축에 혁명적인 전환점을 마련했습니다. 유전자치료는 지난 10년 동안 여러 차례 실패로 돌아갔지만, 차세대 기술 혁명은 벌써부터 많은 유전병 환자에게 기쁜 소식을 전하는 중입니다. 그중 하나인 크리스퍼 유전자편집기술은 획기적으로 발전하며 과거에는 치료 시도조차 상상할 수 없던 희귀질환 치료에 희망의 빛을 비추고 있습니다. 지금까지 발견된 7,000여 종의 희귀질환 중 80퍼센트 이상이 유전자변이와 관련 있는 만큼 크리스퍼 유전자편집기술로 변이를 복원할 수 있다면 그리 머지않은 미래에 우리는 환자에게 도움이 되는 더 많은 치료 방안을 도입해 희귀질환을 성공적으로 완치할 수 있을 것입니다.

이번 장에서는 최근 몇 년 동안 큰 인기를 얻고《타임》이 선정한 차세대 리더이자 크리스퍼 유전자편집기술의 선구자 장펑을 소개하는 한편, 유전질환인 ADA 결핍증(아데노신탈아미노효소결핍증)을 치료한 유전자치료를 예로 들어 유전자편집기술의 미래와 잘 알려지지 않은 문제를 생동감 있게 소개했습니다. 유전자치료의 배경·응용과 관련해 더 많은 정보를 전달했으면 좋았을 것이라는 아쉬움이 있지만, 그래도 완두 학당은 청소년에게 과학을 알리는 좋은 매개체라는 역할을 톡톡히 해냈습니다.

린칭(林卿) 박사
의약품 연구·개발 기업 우시앱텍 주임

# 저 녀석에게
## 질 수는 없다

인류 과학사의 3대 이정표가 무엇일까?

인간 유전체 프로젝트, '맨해튼 계획(원자폭탄 개발)',

'아폴로 계획(유인 달 탐사 프로그램)'이 꼽혀.

그런데 사람이 모이면 그들만의 강호가 만들어지는 법이야.

인간 유전체 프로젝트도 예외는 아니었지.

정통 명문가의 수장들은 물러나고,

새로운 영웅들이 강호에 혜성처럼 등장했어.

드디어 현대 과학 역사상 가장 멋진 발전인 인간 유전체 프로젝트(Human Ganome Project: HGP)를 소개할 차례가 되었어. 지금부터 이 프로젝트에 관해 잘 알려지지 않은 복잡한 애증의 이야기를 들려 줄게.

1985년 5월, 한 과학자가 회의에서 이렇게 제안했어.

"인간 유전체를 이루고 있는 30억 쌍의 염기를 전부 분석해 인간의 생로병사와 유전 사이의 관계를 밝혀 보자."

이 제안을 들은 사람들은 다들 터무니없는 소리라고 생각했지. 그도 그럴 것이, 가장 뛰어난 실험실이 하루에 분석할 수 있는 염기의 양은 잘 쳐 줘야 천 쌍 정도밖에 되지 않았거든.

그렇지만 이 비현실적인 목표는 인류에게 아주 위대하고 멋진 미래를 보여줄 수 있을 것 같았지. 1990년, 미국 정부는 앞으로 15년 동안 30억 달러를 투자해 '인간 유전체 프로젝트'를 진행한다는 계획을 발표했어. 

이 프로젝트의 첫 번째 책임자는 DNA 이중나선구조를 발견한 과학자 중 한 명, 그 이름도 유명한 왓슨이었지. 하지만 얼마 지나지 않아 그는 미국국립보건원을 떠났어. 인간 유전자 특허 출원을 반대했거든.

후임자인 프랜시스 콜린스(Francis Collins)는 원래 문학청년이었다가 대학 시절에 생화학 수업에 깊이 빠져 유전학으로 전공을 바꾼 과학자였지. 과학 분야에서는 왓슨보다 뒤떨어졌던 콜린스의 지휘 아래, 인간 유전체 프로젝트는 8년이 넘는 시간 동안 염기서열을 3퍼센트밖에 분석하지 못했어.

하지만 강호에서는 바람과 파도가 그치는 법이 없지.

1998년에 한 '강호의 야인'이 혜성처럼 등장했어. 자신의 회사는 기존 비용의 10분의 1인 3억 달러만으로 인간 유전체 프로젝트보다 4년 앞서 염기서열 분석을 완료할 수 있다고 선언한 거야.

누가 이렇게 건방져? 도대체 정체가 뭐지? 그는 바로 크레이그 벤터(John Craig Venter)였어.

어릴 때부터 열등생이었던 벤터는 커서 군인이 되었고, 의무병으로 일하던 어느 날 문득 전문 지식이 있으면 다른 사람의 목숨을 구할 수 있다는 사실을 깨달았어. 그리고 전역 후 의학을 공부하기로 결심하고 우등생으로 변신한 벤터는 혼신의 힘을 다해 공부한 끝에 생리학 박사와 약학 박사 학위를 차례로 받았지.

이후 유전학에 푹 빠졌고, 미국국립보건원에서 일하게 되었어.

인간 유전체 프로젝트의 진행 속도가 너무 더디다고 생각한 벤터는 더 효율적인 샷건 염기서열 분석법을 사용하자고 제안했어.

샷건 염기서열 분석법의 전체 명칭은 '유전체 샷건 염기서열 분석법(Whole Genome Shotgun Sequencing, WGS)'이야. 산탄총으로 목표물을 쏴서 조각내듯이 유전체를 조각낸 후, 만들어진 유전체 토막의 염기서열을 분석한 다음, 컴퓨터로 유전체 조각들을 이어 붙여 완전한 유전체를 만들어 빠르게 염기서열을 알아내는 방법이야.

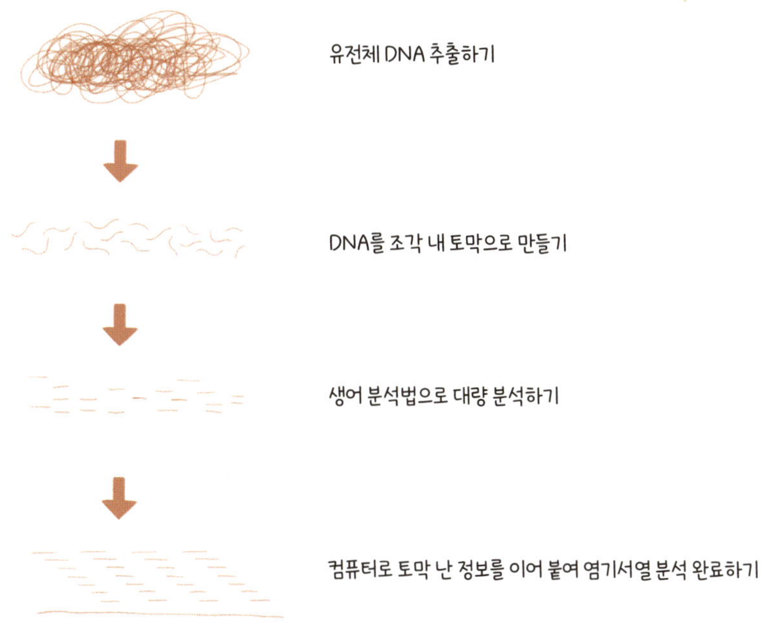

하시만 모든 과학사가 이 제안을 반대했어. 화가 난 벤터는 샷건 염기서열 분석법의 우수함을 세상에 보여주기 위해 미국국립보건원을 떠난 다음, 셀레라 제노믹스라는 회사를 세웠어.

콜린스는 벤터의 염기서열 분석 속도를 따라잡으려고 온 힘을 다해 노력했어. 한편으로는 인간 유전체 프로젝트에 영국·프랑스·독일·일본·중국 등이 참여하도록 이끌어서 '국제공동연구 컨소시엄'을 구성했지. 중국은 인간 유전체의 1퍼센트에 해당하는 3번 염색체 중 짧은 마디 부분에 있는 30센티모건 영역의 염기서열 분석 작업을 맡았어.

이후 국제공동연구 컨소시엄과 셀레라 제노믹스는 여러 차례 협력을 논의했지만, 데이터 공개 방법을 둘러싼 견해차를 좁히지 못했어. 국제공동연구 컨소시엄은 염기서열 분석 데이터를 무료로 공개하기로 했지만, 벤터는 특허를 출원하고 데이터 사용료도 받고 싶어 했거든.

결국 클린턴 정부가 두 그룹의 화해를 부탁하면서 셀레라 제노믹스는 인간 유전자에 대한 특허 출원을 포기하기로 했지.

2000년 6월 26일, 미국의 클린턴 대통령을 비롯한 6개국 지도자들은 인간 유전체 프로젝트 초안이 완성되었다고 발표했어.

우리는 인간 유전체 프로젝트 초안을 완성함으로써 인체의 신비를 탐구하는 여정에서 중요한 한 걸음을 내딛을 수 있었어. 의료 기술을 바꾸고, 유전병을 알아가고, 정밀의료를 실행하는 데 매우 큰 도움이 되는 작업이었지. 하지만 가장 중요한 의의는, 우리 인간이 스스로의 '생명 사용 설명서'를 손에 넣을 능력을 갖추었다는 데 있어.

# 과학자의 해설

인간 유전체 프로젝트는 원자 폭탄 개발을 위한 맨해튼 계획, 달 착륙 유인 비행을 위한 아폴로 계획과 더불어 20세기 자연 과학 역사상 가장 중요한 3대 프로젝트로 불립니다. 그런데 인간 유전체 프로젝트의 이름에서는 신비로움과 경이로움이 느껴집니다. '생명 사용 설명서'의 제1장에 해당하는 것이자, 인류 건강과 질병의 암호를 풀이하는 '암호 해독문'이면서 '정밀의료 프로젝트'의 기초가 되는 프로젝트이기 때문입니다.

과학계와 산업계는 항상 '시간제일주의와 품질제일주의 중 무엇을 선택할 것인가?'라는 흥미로운 선택 사이에서 고민합니다. 전통적인 과학자와 예술가는 한 가지 일을 깊이 파고들며 완벽을 추구하므로 '품질제일'을 우선순위에 놓고 99퍼센트만큼 완벽한 작품을 만들어냅니다. 그래서 콜린스도 본래 15년을 투자해 거의 완벽에 가까운 인간 유전체 지도를 만들고자 했지요. 이와 달리 산업계의 대표 괴짜이자 '시간제일'을 고집하는 개혁주의자들의 대장인 벤터는 속도를 위해 90퍼센트만큼 완벽한 작품을 완성하려고 했습니다. 이 프로젝트를 진행하는 과정에서 서로 다른 두 종류의 문화는 충돌했고, 때로는 전통주의자가 우위를 점하기도 하고, 때로는 개혁주의자가 승리를 거머쥐기도 했습니다. 그러나 결국 이 경쟁에 참여한 모든 과학자가 화해하고, 힘을 모아 인류를 위해 큰 공을 세웠습니다. 그리고 그 후 이어진 작업 과정에서 과학자들은 그때그때 맞는 염기서열 분석법을 사용해 '생명 사용 설명서'를 완성해 나갔답니다. 시간과 품질 사이에서 고민하는 현상은 생명과학뿐만 아니라 다른 분야에서도 나타납니다. 가령 인터넷 시대에는 최대한 빨리 제품을 출시한 후 새로운 세대의 제품을 서둘러 다시 출시하는 방법이 널리 사용되지요. 우리도 일상생활에서 이런 고민에 마주할 때가 자주 있습니다. 우리 친구들은 시간과 품질 중 무엇을 선택하는지 궁금합니다.

**다이헝(戴珩) 박사**
유전체 분석 기업 중커푸루이 유전자기술유한공사 최고 기술 책임자

# 괴짜 과학자의
## 유전자에 숨어 있는 비밀

인간 유전체 프로젝트를 소개하면서

중간에 갑자기 등장해 도전장을 내민

'강호의 야인' 크레이그 벤터를 언급했었지.

이번 장은 그에 관한 이야기야.

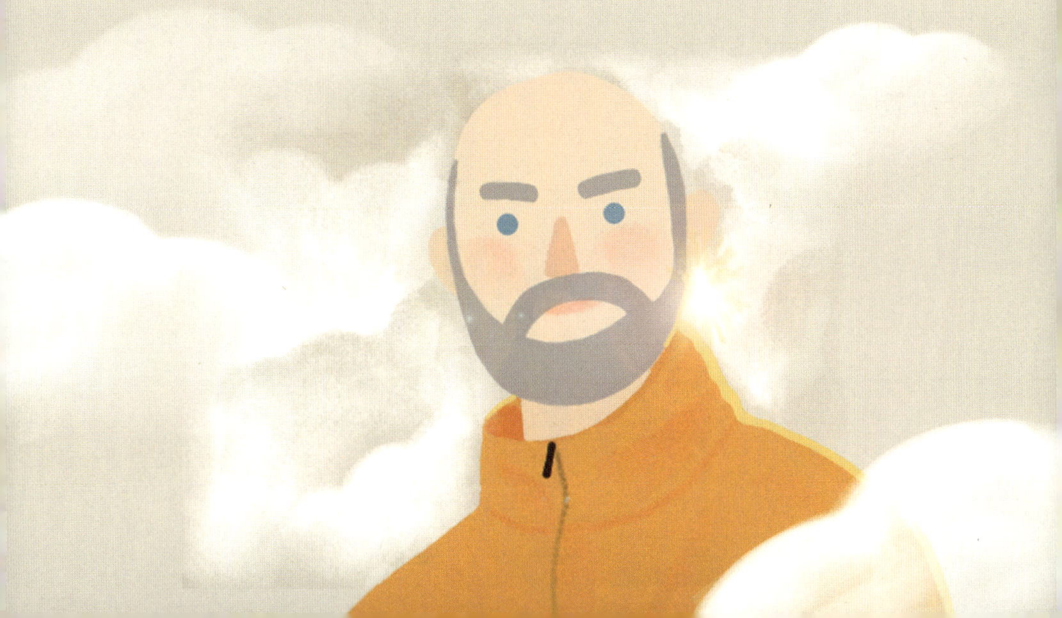

어려서부터 똑똑한 영재형 과학자의 인생과 달리 벤터의 인생은 무척 파란만장하고 복잡했어. 어릴 때부터 짓궂은 장난꾸러기였던 벤터는 커서 군인이 되어 베트남 전쟁에 참전했어. 유전학에 푹 빠진 그는 전역 후 박사 학위를 받으려고 아주 열심히 공부해야만 했지.

벤터는 셀레라 제노믹스를 세운 후 콜린스가 이끄는 '인간 유전체 프로젝트' 국제공동연구 컨소시엄에 도전장을 내밀었지만, 결국 2000년에 모두 함께 힘을 모아 인간 유전체 초안을 완성했어.

셀레라 제노믹스가 분석한 다섯 사람의 염기서열 샘플 중에는 벤터의 염기서열도 있었어.

그래서 벤터는 자신의 완전한 유전정보를 손에 넣은 세계 최초의 사람 중 한 명이 되었지.

2007년에 그는 장난꾸러기 소년이 과학자로 성장한 과정을 되돌아보며 쓴 회고록 《크레이그 벤터 게놈의 기적》을 출간했어. 이 책에서 벤터는 자신의 유전정보를 해석한 덕분에 자신의 성장 과정에 관한 큰 깨달음을 얻었다고 밝혔지.

어린 시절부터 벤터는 잠시도 마음 놓을 수 없는 말썽꾸러기였어. 온종일 친구들과 장난치고 말썽 부리고, 암기와 시험은 끔찍이 싫어했으며, 받아쓰기는 어른이 되어서도 어려워할 정도로 공부를 못했지만 체육, 수영 그리고 목공만큼은 아주 뛰어나 'A'를 받았지.

## 벤터의 유전자 해독하기

유전자 이름: DAT1

기능: 도파민 운반

벤터의 DAT1 유전자는 10회 반복되는 변이가 있다. 이 변이는 주의력 결핍 및 과잉 행동 장애(ADHD)와 관련 있어서 주의력 부족, 과잉 행동, 충동성 및 집중력 장애 증상으로 나타난다. 즉 어린 벤터가 심한 장난꾸러기였던 이유가 설명된다.

베트남 전쟁이 발생했을 때, 벤터는 명령에 따라 베트남에 파병되었어. 전쟁터에 도착하기 전까지 그는 전쟁이 어떤 것인지 전혀 알지 못했어. 산처럼 쌓인 시체 더미, 폭격으로 불탄 들판, 허름하고 좁은 초가집…. 이 모든 것을 경험한 그는 그곳에서 탈출하고 싶어졌지.

바다에 빠져 죽더라도 전쟁터를 벗어나겠다고 마음먹은 벤터는 헤엄치기 시작했어. 그렇게 해안에서 2킬로미터 정도 떨어진 지점에서 맹독성 바다뱀과 마주했고, 그래도 이를 악물고 계속 앞으로 나아갔지만 얼마 지나지 않아 상어의 공격을 받았고, 결국 용기를 잃고 말았어. 극도의 공포와 삶에 대한 강렬한 열망을 느낀 그는 필사적으로 헤엄쳐 해변으로 되돌아갔지. 그리고 마침내 모래사장에 두 발을 내디딘 순간, 완전히 탈진한 벤터는 쓰러지고 말았어.

한때 벤터는 자신의 건장한 체구와 어린 시절에 배운 수영 덕분에 목숨을 건졌다고 생각했지만, 그로부터 수년이 지난 후에 AMPD1 유전자 덕분에 살 수 있었다는 사실을 알게 되었어.

## 벤터의 유전자 해독하기

유전자 이름: AMPD1

기능: 근육의 움직임에 관여

변이를 일으키지 않은 벤터의 AMPD1 유전자가 정상적으로 작동했다. 덕분에 근육은 정상적으로 움직였고, 벤터의 지구력은 줄어들지 않았다.

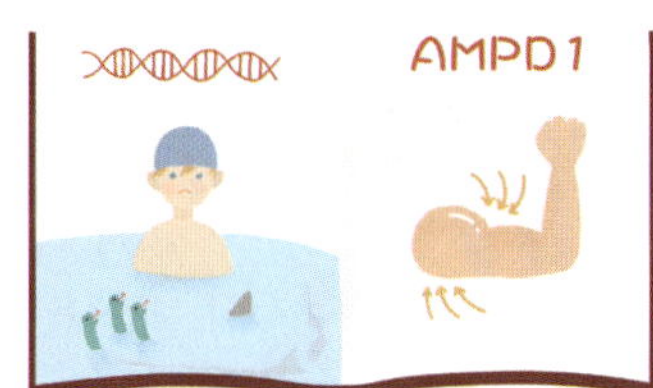


전쟁에 시달린 벤터는 학교로 돌아와 박사 학위를 취득한 후 과학자가 되었어. 그런데 1981년 6월의 어느 새벽, 그의 어머니가 전화를 걸어와 아버지가 주무시던 중에 갑자기 찾아온 심장 발작으로 59세에 세상을 떠나셨다는 소식을 전했지.

## 벤터의 유전자 해독하기

유전자 이름: APOE(E2, E3, E4 세 종류의 유전형이 있다)

기능: 혈중 지질 수치를 조절

세 종류 중 APOE4 유전형을 가진 사람의 경우 심장병과 알츠하이머병에 더 취약하다고 알려져 있다. 벤터와 그의 아버지는 모두 APOE4형 유전자를 보유하고 있었다.

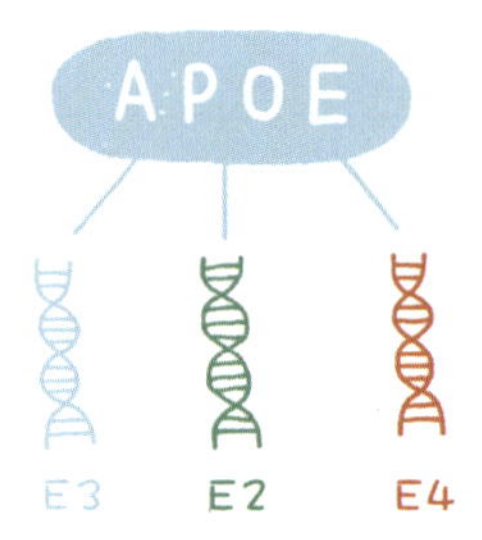


아버지의 이른 죽음에 벤터는 매우 슬프고 가슴 아팠지만, 이 사건으로 자신의 건강에도 잠재적인 위협이 도사리고 있다는 사실에 눈뜨게 되었어. 그래서 그는 식사를 조절하고, 적극적으로 운동하고, 또 고지혈증 치료에 사용되는 약물인 스타틴을 먹으며 혈중 지질 수치를 낮춰 APOE4 유전자의 위험성을 상쇄했지.

지금까지 괴짜 과학자 벤터와 생명의 비밀 해독에 관한 전설적인 이야기를 살펴보았어.

나의 유전정보를 알게 되면 과거가 다르게 느껴질까? 또 이것이 내 삶에 어떤 변화를 가져올까?

# 과학자의 해설

과학계는 괴짜 과학자로 넘쳐나고, 사람들은 괴짜 과학자에 얽힌 기상천외한 이야기를 아주 좋아합니다. 이번 장에서는 여러 괴짜 과학자 중 벤터라는 뛰어난 인물을 소개했습니다. 1990년대에 각국 정부의 지원을 받는 주류 과학자 단체로 구성된 거대 국제공동연구 컨소시엄인 인간 유전체 프로젝트에 혈혈단신으로 도전장을 낸 일은 벤터의 인생 중 가장 주목할 만한 이력입니다. 미국 정부의 개입으로 두 그룹의 경쟁은 무승부로 막을 내렸지만 그 후 이어진 경쟁에서는 벤터가 승리했습니다. 2007년에 그는 어떤 인간 개체(사실은 본인이지요)의 유전자 염기서열 전체를 최초 공개했습니다. 그전까지 인간 유전체 프로젝트가 공개한 것은 통계학적 의미의 인류 유전체 정보였기 때문에, 구체적인 한 인간 개체의 모든 유전체 정보를 공개했다는 점에서 벤터의 연구는 매우 큰 의미가 있습니다. 이번 장에서 소개한 바와 같이 벤터는 자신의 유전체 속 모든 대립유전자에 대한 전체 유전형을 알 수 있었습니다. 더 중요한 점은, 더 많은 인간 개별 개체의 유전체 염기서열 분석을 완료하면서 과학자들이 인간 유전체 속에서 질병의 발현과 유전자변이 간의 상관관계를 밝히는 재료가 되는 유전자변이를 셀 수 없이 많이 발견했다는 점입니다.

과거 벤터는 과학자 공동체 전부와 맞서 싸우고, 모든 유전자에 특허를 출원해 인간 유전체를 사유화하려고 했고, 인공 생명체 창조에 성공하기도 했습니다. 이러한 그의 연이은 행동은 과학계 전체를 충격에 빠뜨렸고 많은 과학계 인사들의 우려를 사기도 했습니다. 하지만 이제 그는 자신이 세운 회사 '휴먼 롱제비티★'를 이끌며 인간 수명 재해석을 위해 노력 중입니다. 그는 인공생명체의 DNA를 합성할 때, 아일랜드의 대문호 제임스 조이스가 남긴 다음

★ 2025년 기준, 크레이그 벤터는 휴먼 롱제비티를 떠나 자신이 설립했던 비영리 연구 단체인 크레이그 벤터 연구소로 돌아갔다.

의 격언을 DNA에 인코딩*하여 넣었습니다. "TO LIVE, TO ERR, TO FALL, TO TRIUMPH, TO RECREATE LIFE OUT OF LIFE(살아라, 실수하라, 넘어져라, 승리하라, 그리고 생명으로 생명을 재탄생시켜라)."

이 격언처럼 살아온 벤터는 의심의 여지 없는 과학계의 영웅입니다.

장둥레이(張冬雷) 박사
중국 정부 선정 우수 학자, 화중과학기술대학 퉁지의과대학 교수

★ 인공생명체가 자연적인 것이 아닌 합성임을 증명하고, 어느 실험실에서 만들어진 것인지 식별하는 데 필수적인 수단이다.

# 복제 생명체는
# '복사-붙여넣기'하면 그만?

30년 전쯤 인터넷에서 큰 인기를 끌었던 복제 양 돌리를 아니?

돌리는 성숙한 체세포를 복제해 만든 세계 최초의 복제 동물이야.

복제 양이니만큼 돌리는 엄마 아빠가 없어.

엄마 양만 세 마리 있지.

1997년 3월, 《타임》 표지에 새끼 양 한 마리가 탄생했다는 소식이 실렸어.

돌리라는 이름의 이 '화제의 동물'은 한동안 모든 언론이 앞다투어 보도하는 대상이 되었어.

'슈퍼스타' 돌리는 어떤 점이 특별했을까?

돌리는 복제 양이야. 정확히 말하자면 돌리는 세계 최초로 성숙한 체세포로 만든 동물이야. 돌리가 나타나기 전에도 복제 양이 있기는 했는데, 배아를 이용해 만들었어.

배아란 정자와 난자가 수정한 후 태아가 되기 전의 상태를 말해. 우리는 배아에서 점점 자라나 완전한 인간이 되지. 그리고 성숙한 체세포는 다른 종류의 세포로 변할 수 없어. 예를 들어 뇌세포를 가지고 피부 세포를 만들 수는 없지. 하물며 우리의 체세포로 다 큰 어른을 만들어내는 일은 말할 것도 없어.

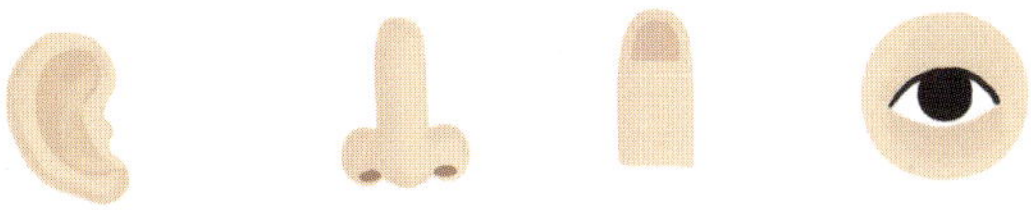

배아는 밀가루 반죽에 비유할 수 있어. 밀가루 반죽을 빚어 양 모양으로 만들기는 쉽지.

밀가루 반죽

성숙한 체세포는 꽃빵, 전병, 만두라고 할 수 있어. 꽃빵으로 양 모양을 빚을 수 있을까? 털 몇 가닥으로 원숭이를 만들 수 있는 건 《서유기》의 손오공밖에 없단 말이지.

체세포(꽃빵) 복제로 탄생한 돌리는 엄마가 세 마리야.

첫 번째 엄마 양은 난자를 줬어.

두 번째 엄마 양은 완전한 젖샘 세포를 줬지.

세 번째 엄마 양은 따스한 자궁을 내어 주었어.

과학자들은 첫 번째 엄마 양에서 얻은 핵을 제거한 난자와, 두 번째 엄마 양에서 얻은 젖샘 세포에 전기충격을 줘서 하나로 뭉쳐지게 했어. 이렇게 융합한 세포를 배아로 배양한 후, 세 번째 엄마 양의 자궁 속에 이식해 다 자라서 세상에 나올 수 있을 때까지 발달시켰어.

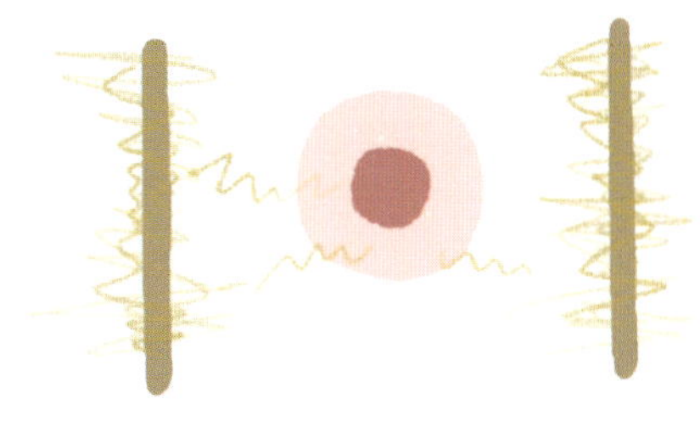

**퀴즈1 돌리는 어느 엄마를 닮았을까?**

**정답:** 세포핵을 준 두 번째 엄마 양을 닮았어. 유전물질인 DNA는 세포핵에만 있잖아.

**퀴즈2 복제 양의 이름이 돌리인 이유는?**

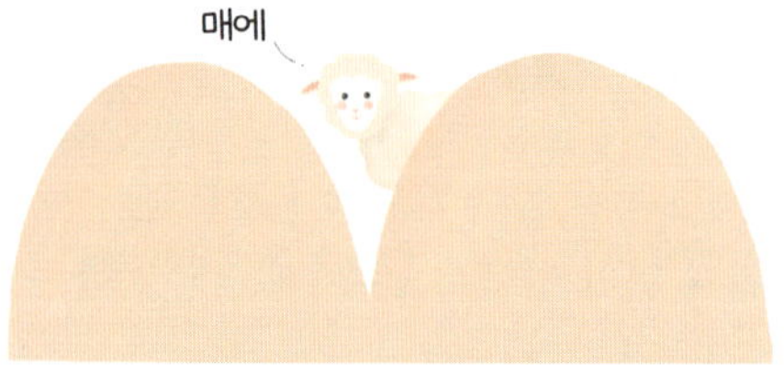


**정답:** 돌리는 젖샘 세포를 복제하여 탄생했기 때문이야.

돌리의 이름은 미국 여가수 돌리 파튼(Dolly Parton)의 이름을 딴 거야. 돌리 파튼의 가슴은… 음, 말하지 않아도 알 수 있겠지.

복제 양 돌리는 겨우 6년 만에 슈퍼스타의 삶을 마감했어. 심각한 병에 걸려서 결국 2003년 밸런타인데이에 안락사되었지. 어떤 사람은 돌리가 성숙한 체세포를 복제했기 때문에 염색체의 말단체(11장에서 본 적이 있지?)가 짧아 수명도 짧은 것으로 추측했어. 그래서 과학자들은 같은 젖샘 세포로 네 마리의 복제 양을 더 만들었는데, 어라? 이 양들은 건강하게 양의 평균 수명인 10년을 살았어.

돌리는 탄생한 순간부터 미래에 사람도 복제할 수 있지 않을까? 라는 논쟁을 불러일으켰어. 그런데 한 가지 짚고 넘어가야 할 점이 있어. 277개의 체세포를 실험한 끝에 유일하게 복제에 성공해 탄생한 돌리와 달리 인간 복제는 기술적으로도, 윤리적으로도 훨씬 복잡한 문제를 안고 있어. 너는 이 세상에 또 다른 네가 있다면 어떨 것 같아? 혹은 생명체 복제를 이용하여 잃어버렸던 사랑하는 존재를 되찾고 싶니?

# 과학자의 해설

이번 장에서는 동물을 복제할 때 난자를 인공적으로 만드는 것이 가장 어렵다는 점을 알 수 있었어요. 꽃빵으로 밀가루 반죽을 만드는 것처럼요.

복제 기술은 마법 같은 기술입니다. 꽃빵에 물을 조금 붓고 주물럭거리니 '펑' 하는 소리와 함께 순식간에 밀가루 반죽으로 되돌아가게 만드는 것과 마찬가지인 기술이지요. 과학자들은 마술 같이 놀라운 이 아이디어를 현실로 만들려고 수도 없이 많은 실험을 한 끝에 정밀하게 전기충격을 가하면 체세포를 변신시킬 수 있다는 사실을 발견했습니다.

그렇다면 복제 인간과 기존의 인간은 같은 사람일까요? 세포핵 속 유전물질은 한 인간의 거의 모든 것을 결정합니다. 그래서 복제 양 돌리와 세포핵을 제공한 두 번째 엄마 양은 틀에 찍은 듯이 똑같이 생겼지요. 그러면 돌리는 두 번째 엄마 양과 같은 양일까요? 당연히 아닙니다. 돌리와 두 번째 엄마 양은 생김새는 같지만 나이 차이가 크게 나는 쌍둥이와 같습니다. 나를 복제해서 대신 학교에 보내고 싶다는 친구들도 있지요. 하지만 이번 장의 이야기를 읽었으니, 이제 그 아이디어를 포기해야 한다는 사실을 알게 되었을 거예요. 나를 복제한 복제 소년, 또는 복제 소녀는 아기니까요. 아기가 나를 대신해 학교에 가면 금방 들통나겠지요? 그리고 나의 복제 인간이 자라서 초등학교에 갈 나이가 되면 실제의 나는 이미 대학을 졸업했을 수도 있어요. 따라서 복제 인간은 또 다른 내가 아니라, 나보다 몇 살 더 어린 쌍둥이 남동생 또는 쌍둥이 여동생과 같은 존재입니다.

**취빈(屈彬) 박사**
독일 자를란트대학교 홈부르크캠퍼스
의과대학 통합생리·분자의학센터 연구팀장

# 유전자변형생물이
# 나쁘고 위험하다고?

과학자들은 기술적 문제를 해결해 가난한 사람들을 돕고 싶었어.

세계 최초의 유전자 변형 쌀 '골든 라이스'를 만들고,

여러 차례 안전성을 검사한 후 특허권까지 전부 기부했어.

덕분에 개발도상국 농민들은 무료로 이 쌀을 키울 수 있게 되었지.

유명한 황금빛 쌀의 과거와 현재를 살펴보면

유전자변형기술의 진실을 알아볼 수 있어.

'비타민 A'라고 하면 무엇이 생각나니? 당근!

맞아, 당근에 많이 들어 있는 베타카로틴이라는 성분은 우리 몸속에 들어오면 비타민 A로 바뀌어. 항상 엄마가 먹으라고 하지만 우리 친구들은 싫어하는 청경채, 방울토마토, 호박, 고구마처럼 흔한 음식에도 베타카로틴이나 비타민 A가 풍부하게 들어 있어.

하지만 여전히 의식주를 걱정하는 가난한 지역 사람들은 비타민 A가 풍부한 음식을 제대로 먹지 못해 비타민 A 부족에 시달리지. 세계보건기구(WHO)의 보고서에 따르면, 전 세계적으로 비타민 A가 부족한 사람들이 4억 명이나 되고 그중 2억 명은 어린이야. 이들은 대부분 개발도상국에 살고 있지.

비타민 A가 부족하면 시력을 잃을 수 있어.

비타민 A가 부족하면 면역력이 떨어져서 심지어 2차 감염으로 목숨을 잃을 수도 있어.

이 문제를 지켜보던 과학자들은 사람들이 가장 자주 먹는 쌀로 베타카로틴을 만들자는 아이디어를 생각해 냈어.

쌀로 베타카로틴을 만들려면 베타카로틴을 생산하는 유전자를 쌀의 유전체에 끼워 넣어야 해.

과학자들은 나팔수선화에서 베타카로틴을 만드는 유전자를 가져왔지.

나팔수선화 유전자 두 개를 가져온 과학자들은, 세균에서 유전자 한 개를 가져오는 작업도 수행했어.

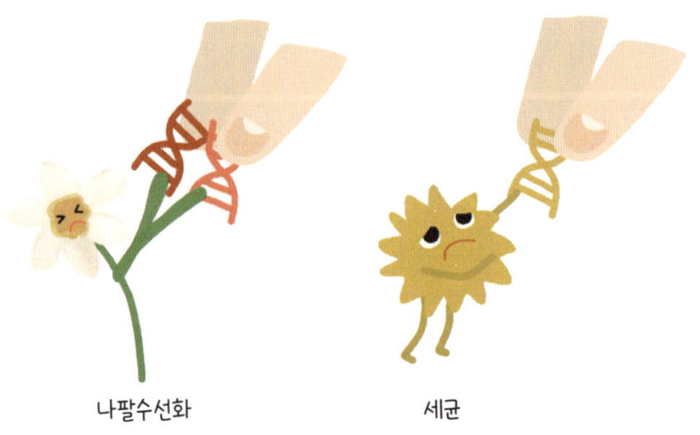

과학자들은 분리한 세 개의 유전체를 플라스미드에 담은 후, 식물을 감염시키는 종류의 세균 안에 이 플라스미드를 집어넣었어.

이 세균이 벼 종자를 감염시키면, 벼 종자의 유전체 안에 베타카로틴 유전자가 삽입될 가능성을 노리는 거지.

어떻게 되었을까? 벼 종자에서 자라난 벼 모종은 베타카로틴이 가득한 황금빛 쌀이 열렸고, 이 쌀은 '골든 라이스'라는 이름을 가지게 되었어. 1999년의 일이야.

비타민 A 부족에 시달리는 빈곤층을 돕기 위해 골든 라이스를 개발했다고 했잖아. 골든 라이스를 개발한 과학자들과 기업은 골든 라이스가 가난한 사람들이 살 수 없는 비싼 음식이 되는 것을 원하지 않았어. 따라서 이들은 특허를 기부했을 뿐만 아니라, 개발도상국 농민에게 무료로 종자를 나눠 주게 했지.

보통 쌀　　　1세대 골든 라이스　　　2세대 골든 라이스

지금까지 골든 라이스 외에도 벌써 80여 종의 유전자변형생물*이 만들어 졌어.

★ 유전자변형생물체(LMO: Living Modified Organisms)는 성장과 번식을 하는 생물 그 자체를 이야기하고, 유전자변형생물(GMO: Genetically Modified Organisms)은 LMO뿐 아니라 LMO를 원료로 이용한 식품이나 가공물까지 모두 포함하는 말이다.

어떤 유전자는 농산물의 생산량을 늘려.

또 바이러스, 추위나 서리, 염분, 잡초, 해충에 대한 저항성을 높이는 유전
자도 있어.

유전자변형생물을 팔려면 정말로 이것이 정말 안전한지, 다시 말해 해를 끼칠 가능성이 없는지 확인하기 위해 매우 엄격하고 종합적인 안전성 검사와 유효성 심사를 반드시 받아야 해.

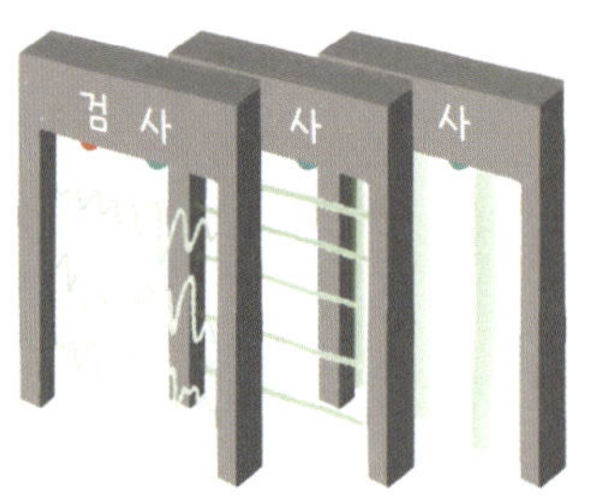

그래서 어떤 유전자변형생물이 심사에서 합격 점수를 받았다면, 우리의 건강에 해를 끼치지 않는다는 뜻이야.

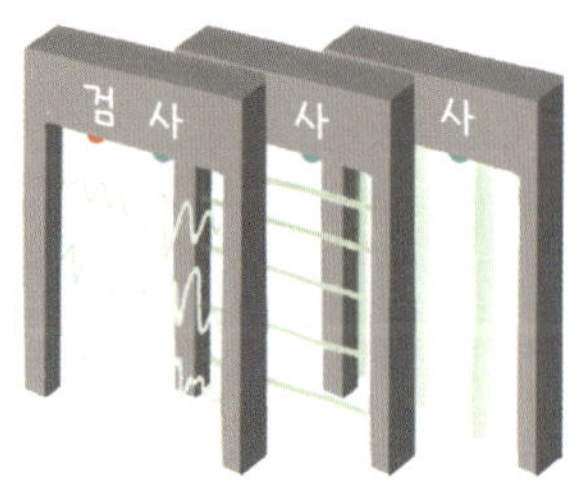


합격 점수를 받은 유전자변형생물은 우리의 유전자에 영향을 끼치지 않는 것은 물론이고, 소화 과정에서 일반적인 식품보다 더 많은 영양소로 분해되는 장점도 있어.

# 과학자의 해설

흔히들 GMO라 부르는 유전자변형생물은 아마 오늘날 우리 사회에서 뜨거운 화제 중 하나일 것입니다. 그런데 독특하게도 이번 장은 논란의 위험성이 항상 따라다니는 이 GMO라는 화제를 피하기는커녕 인도주의라는 기발한 관점에서 GMO의 역사적 배경과 '골든 라이스'의 탄생을 자세히 소개한 후, GMO의 기술적 한계와 심사 체계를 객관적으로 설명하고, 마지막 부분에서 GMO를 만든 과학자들의 초심을 되짚으며 독자 스스로 생각할 기회를 주었습니다.

독자 친구들에게 생각할 거리를 주기 위해 저도 제 의견을 이야기해 보고자 합니다. 교잡한 쌀은 식량 문제 해결에 가장 크게 기여한 존재로 손꼽힙니다. 위안룽핑이라는 과학자가 '인공수분' 방식으로 벼와 비슷한 식물인 피와 논벼를 교잡해 교잡 쌀을 만드는 획기적인 일을 함으로써 중국의 식량 생산량을 늘리는 데 공헌했습니다. 그렇다면 비슷한 원리로 만들어진 GMO는 왜 의심의 대상이 될까요? 아마도 교잡한 쌀은 '자연적'으로 만들어졌지만, GMO는 '인공적'으로 만들어졌다고 생각하기 때문일 것입니다. 여기서 우리는 '인공'이라는 개념을 찬찬히 살펴볼 필요가 있습니다. 사실 피와 논벼를 교잡하는 행위도 '인공'적입니다. 또 자연적인 것은 무조건 안전하다는 생각도 되돌아볼 필요가 있습니다. 지금껏 고사리 전분으로 만든 국수는 제가 제일 좋아하는 음식 중 하나였습니다만, 최근 고사리가 간에 위험한 독성 물질을 지니고 있다는 사실이 밝혀졌습니다. 우리 인간이 2,000년 넘게 고사리라는 자연식품을 먹는 동안 아무도 관심을 두지 않았을 뿐이지, 실은 안전한 식품이 아니었던 것이지요. GMO는 시장에 판매되기 전에 '변태적'이라고 표현해도 좋을 만큼 집요하고 엄격한 심사를 거쳐야 합니다. 물론 GMO는 그 역사가 그리 길지 않기에 장기적인 안전성을 아직 증명하지 못했다는 단점이 있습니다.

전 세계적으로 정밀의료가 더 많은 환자의 주목을 받고 있듯이 '정밀농업'의 대표주자인 GMO에도 더 많은 관심이 필요합니다. 물론 이를 위해 저를 포함한 책임감 있는 과학자들은 국민을 위한 GMO의 안전성에 대한 장기적인 연구를 진행해야 한다고 정부 관련 부처에 강력히 요청하고 있습니다.

징지에(荊傑) 박사
저장싸이상의약·기술유한공사 최고경영자

# 신이 나눠 준 카드를 내 손으로 직접 섞기

내 몸의 유전정보를 편집하고 수정하는 능력,

아득하고 막막한 삶을 사는 우리 인간은

영광스러우면서도 꿈과 같은 이 차세대 능력을

손에 넣을 수 있을까?

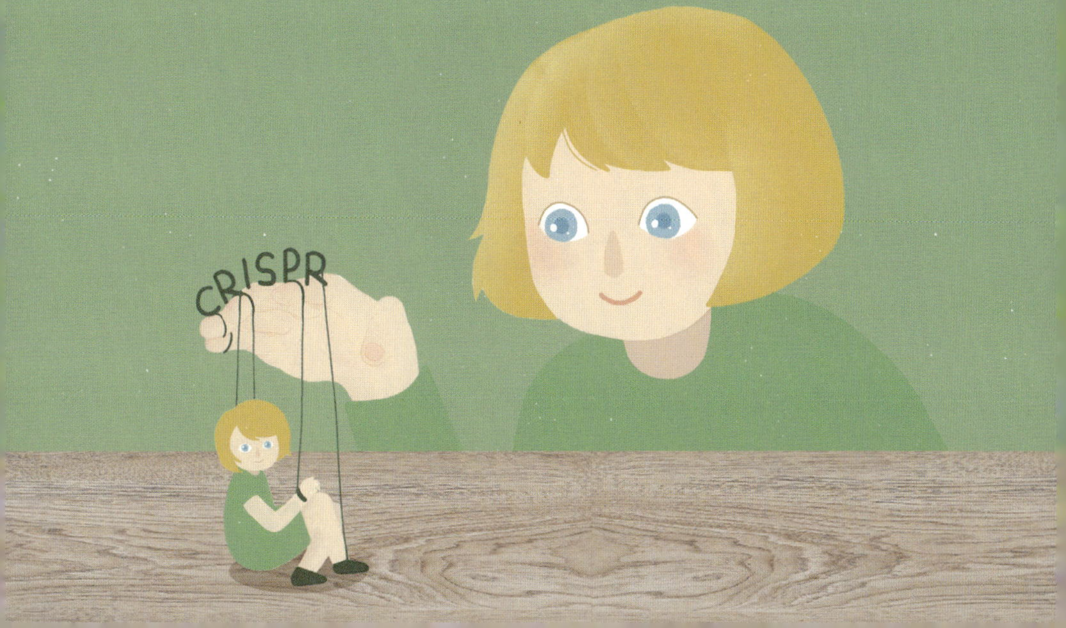

혹시 12장에서 유전자치료를 받았던 야샨티를 기억
하니? 부족한 ADA를 만들기 위해 정상 ADA 유전자가
아샨티의 몸속에 들어갔고, 이 유전자는 아샨티의 유전체
에 무사히 들어갔어. 덕분에 아샨티는 새로운 삶을 얻게
되었지.

하지만 이 유전자치료는 무작위적이라고 했지. 다시 말해 만에 하나라도
유전자가 잘못된 위치에 들어가 다른 유전자를 실수로 파괴하면, 상상조차 하
기 싫은 결과와 마주해야 할 수도 있어.

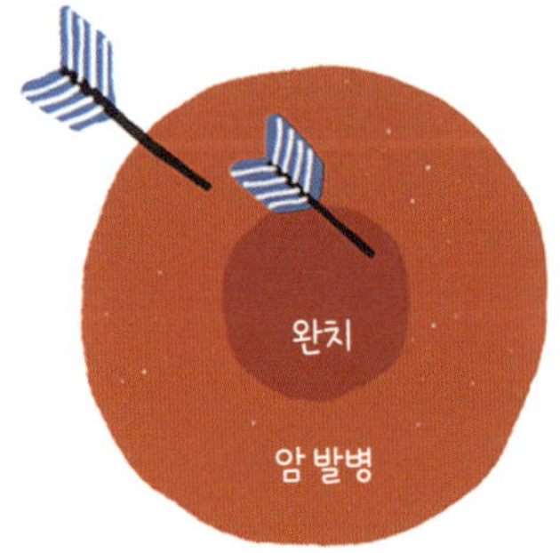

그래서 정확한 유전자편집이 유전자치료의 핵심이야. 간단히 말하자면 잘라낼 위치를 정확히 찾아내는 것이지!

따라서 유전자편집에는 유전자가위를 잘라낼 곳으로 안내하는 'GPS 내비게이션이 포함된 유전자가위'가 필요해.

유전자편집기술은 계속 혁신을 거듭하며 발전하면서 세대교체가 이루어지고 있어. 그중에서 가장 유명하고 또 가장 널리 사용되는 세 가지 기술을 소개할게.

# 징크핑거 뉴클레이스(Zinc Finger Nuclease: 줄여서 'ZFN')

**찾아낸 곳:** 아프리카발톱개구리

**원리:** 아프리카발톱개구리 유전자 연구 중에 발견한 이 단백질은 아연 (Zinc)과 결합한 손가락(Finger) 모양이라 '징크핑거 단백질'이라고 불리게 되었어. 징크핑거 단백질은 특정한 DNA의 염기서열을 인식하고, 제한효소인 뉴클레이스는 DNA 염기서열을 자르는 역할을 하지.

**단점:** 특정한 DNA 염기서열만 제한적으로 인식하고, 설계가 복잡하고 시간이 오래 걸려. 목표를 빗맞히면(잘못 자름) 세포에 독성이 생길 수 있어.

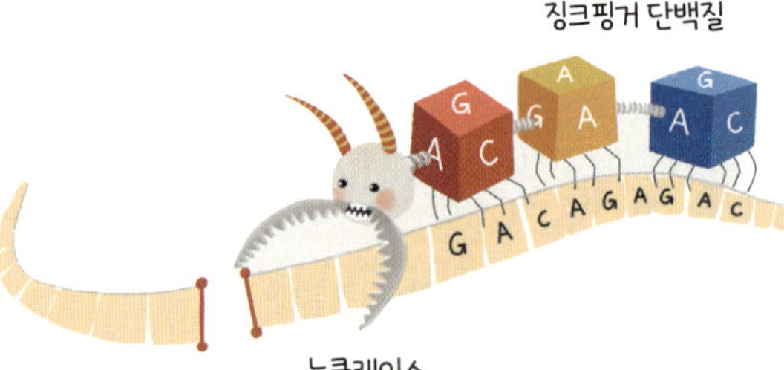

# 탈렌(TALE Nuclease: 줄여서 'TALEN')

**찾아낸 곳:** 식물 세균

**원리:** TALE(Transcription Activator-like Effector)이라는 단백질은 특정 DNA 염기서열을 인식하는 역할을 하고, 제한효소인 뉴클레이스는 DNA 염기서열을 자르는 역할을 해.

**장점:** ZFN보다 효소 반응이 더 정확하고, 설계가 쉬워.

**단점:** 설계하는 데 시간이 오래 걸리고 비용이 많이 들어. 목표를 빗맞히면 (잘못 자름) 세포에 독성이 생길 수 있지.

**3**

# 크리스퍼 유전자가위

**찾아낸 곳:** 세균 면역 시스템

**원리:** 가이드 RNA는 특정 DNA 염기서열을 인식하는 역할을 담당하고, 카스9(Cas9)이라는 이름의 뉴클레이스는 DNA 염기서열 자르기를 담당해. 이를 합쳐 크리스퍼-카스9, 혹은 크리스퍼 유전자가위라고 불러.

**장점:** 간단한 RNA 합성만으로 복잡한 단백질을 대체할 수 있고, ZFN과 TALEN보다 반응이 더 정확해. 설계가 쉽고, 시간과 비용이 상대적으로 더 적게 들어.

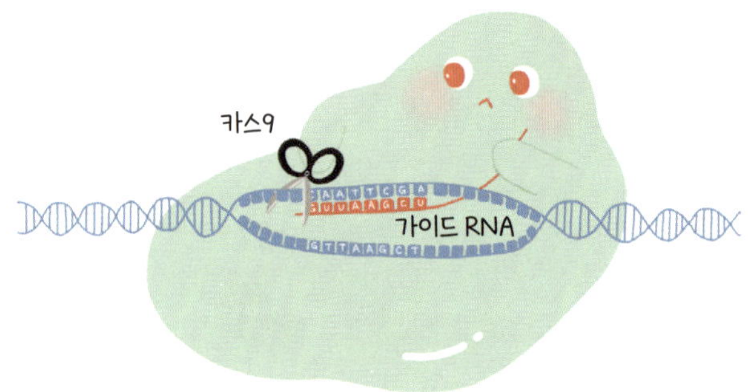

과학자들이 처음으로 세균에서 크리스퍼를 발견한 건 1980년대 말이야. 그렇지만 20여 년이 흐른 후에야 크리스퍼 유전자가위가 세균을 공격하는 박테리오파지의 DNA를 인식하고 이를 잘게 잘라 버림으로써 세균의 면역 작용을 담당한다는 것을 깨달았어.

크리스퍼 유전자가위가 세균에서 작동하는 원리는 서로 지구 반대편에 있던 두 명의 멋진 여성 과학자가 힘을 합친 끝에 완벽하게 알아냈어. 그리고 이들은 크리스퍼 유전자가위를 새로운 유전자편집의 도구로 만들려고 노력했지.

프랑스 세균생물학자
에마뉘엘 샤르팡티에
(Emmanuelle Charpentier)

미국 구조생물학자
제니퍼 다우드나
(Jennifer Doudna)

크리스퍼 유전자가위가 획기적인 기술이라는 것을 빠르게 알아챈 사람들은 또 있었어. 바로 탈렌을 개발한 하버드대학교의 유전학 교수 조지 처지(George Church)와 MIT의 장펑이었지. 두 과학자는 최초로 진핵세포★ 유전자를 크리스퍼로 편집하는 데 성공해 과학계의 큰 주목을 받았지.

조지 처지　　　　　장펑

그 후 2013년에 두 사람은 에디타스 메디신(Editas Medicine)이라는 회사를 세웠어. 크리스퍼 유전자가위를 연구하여 실제 환자 진료 현장에 유전자치료법을 도입하는 것을 목표로 하는 회사야.

★ **진핵세포** 세포의 핵이 핵막으로 덮여 있고, 분화된 다양한 세포소기관을 가진 세포들을 통칭하는 이름이다. 대표적으로 동식물의 세포가 진핵세포다.

무작위로 유전자를 넣는 것밖에 못하는 단순한 유전자치료를 하던 아샨티의 시대부터, 정밀하게 유전자를 편집할 수 있는 오늘날까지. 유전자편집기술은 정말 눈부시게 발전했어.

우리 인간의 삶은 수억 광년이나 떨어진 원자 사이를 오가는 머나먼 여행만큼이나 아득하고 막막하지. 그런 우리에게 내 몸의 유전정보를 편집하고 수정하는 능력은 영광스러우면서도 꿈과 같은 차세대 기술 아닐까? 어찌 되었든 온갖 생물이 탄생한 이래, 한 유기생명체가 최초로 스스로를 바꾸고 싶은 대로 바꾸는 능력을 손에 쥐게 되었다는 점만은 분명해!

# 과학자의 해설

최근 생명공학 분야에서 가장 인기 있는 화제의 기술은 단연코 유전자편집기술, 구체적으로 말하자면 그중에서도 크리스퍼-카스9(CRISPR-Cas9)입니다. 인간 유전체 지도가 분석된 덕분에 우리는 DNA라는 관점에서 어떤 질병을 보며 치료법을 찾거나, 돌연변이 유전자 수정을 위해 유전자치료를 할 수 있게 되었습니다. 또 유전자편집기술이 계속 발전하면서 차세대 유전자편집기술인 크리스퍼-카스9도 새로운 유전자치료 약물 개발에 이미 응용되는 중이고, 많은 회사들이 경쟁적으로 개발에 나서고 있습니다. 유전자치료는 하나의 유전자변이가 일으키는 수천 가지 단일유전자 유전성 희귀질환에 가장 궁극적인 치료 수단이지만, 아직 활용에 어려운 점이 많습니다.

완두 씨는 이번 장에서 그림과 재미난 글을 곁들여 설명해 많은 독자가 유전자편집기술의 발전 과정을 쉽고도 깊게 이해할 수 있게 했습니다. 무척이나 복잡한 이 기술을 누구나 이해할 수 있게 만든 저자들을 칭찬하지 않을 수가 없습니다. 유전자편집기술을 소개한 이번 장을 재미있게 읽고 독자 여러분이 완두 씨, 그리고 과학과 사랑에 빠질 수 있기를 바랍니다.

정웨이이(鄭維義) 박사
장쑤눠바이아오의약주식회사 이사장

# 정밀의료 시대,
# 맞춤치료의 문이 열리다

2015년에 미국과 중국이 차례로 발표한 정밀의료 계획은
전 세계 과학기술계, 의료계 그리고 산업계를 모두 깜짝 놀라게 했어.
완전히 새로운 의학의 시대가 우리 눈앞에 다가오는 중이었기 때문이야.

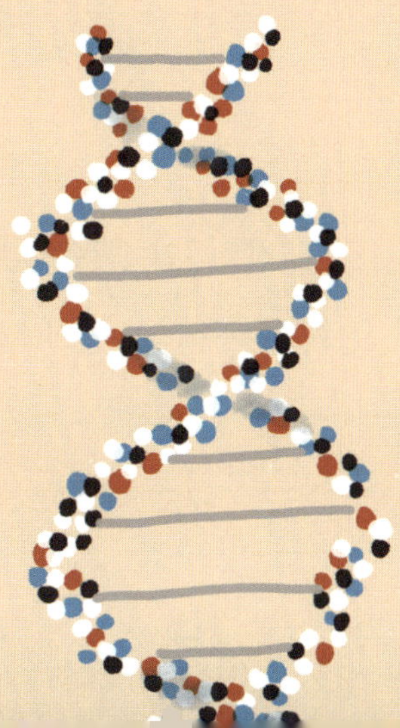

2015년 1월, 미국의 대통령인 버락 오바마(Barack Obarma)는 2억 1,500만 달러를 투입해 정밀의료 계획을 시작한다고 발표했어. 뒤이어 3월에 중국도 2030년까지 600억 위안을 투입해 정밀의료 계획을 추진하겠다고 발표했어. 연이은 발표에 전 세계 과학 기술계, 의학계, 산업계는 충격을 받았어. 새로운 의학의 시대가 성큼 다가오는 중이라는 사실이 실감 난 거지.

# 1

# 정밀의료가 정확히 뭐지?

정밀의료란 개인의 유전자, 환경 그리고 생활 방식을 종합적으로 살펴 질병 예방 및 치료의 방안을 세우는 것을 뜻해. 간단하게 말하자면 치료법도 '사람에 따라 대접이 달라진다'라는 뜻이지.

전통적인 의료와 달라진 변화는, 정밀의료는 개인의 유전자를 질병 예방과 치료의 중요한 기초로 삼는다는 점이야.

# 유전자는 왜 중요할까?

우리의 유전자에는 많은 비밀이 숨어 있어. 머리카락 색깔, 외모, 다리 길이, 가슴 크기, 술고래가 될 수 있는 능력, 우유 소화 능력, 고수 호불호, 잘 걸리는 병, 병에 걸렸을 때 잘 듣는 약까지.

그래서 자신의 유전자를 깊이, 그리고 정확히 안다는 것은 자신에 관한 '사용 설명서'를 얻는 것과 마찬가지야. 이 사용 설명서가 있으면 내 몸을 사용할 때 효율성과 정확성을 크게 높일 수 있어.

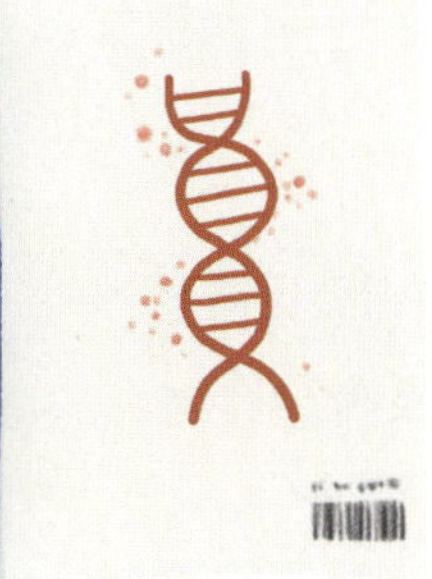

**3**

# 정밀의료는 어떤 쓸모가 있을까?

구글의 창업자 중 한 사람인 세르게이 브린은 유전자 검사로 LRRK2 유전자 중 한 부분에 변이가 있는 것을 발견했어. 여기에 변이가 있으면 보통 사람보다 파킨슨병에 걸릴 가능성이 50배나 높아져. 실제로 똑같은 유전자변이가 있던 그의 어머니는 이미 파킨슨병을 앓고 있었어.

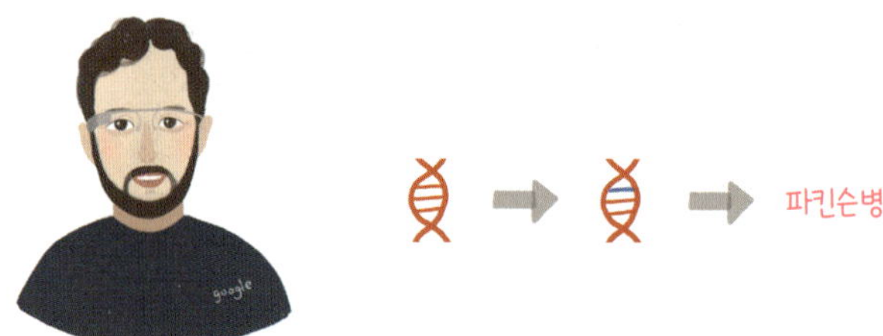


이 결과를 알게 된 후 브린은 두 가지 일을 했어. 첫 번째로 다이빙, 체조, 저글링처럼 파킨슨병이 생길 가능성을 줄이고 생기는 시기를 늦추는 운동을 열심히 했어.

두 번째로 다른 사람을 돕고 자기 자신도 도울 수 있도록 파킨슨병을 연구하는 과학 연구 프로젝트에 자금을 지원했어.

정밀의료로 병을 더 잘 예방할 수 있어. 학자들은 같은 약물이라도 유전자 차이 때문에 사람마다 반응이 완전히 다르다는 점을 발견했어. 예를 들어 술을 마시면 얼굴이 붉어지는 사람(ALDH2 유전자에 변이가 있는 사람)은, 응급 심혈관 치료제인 나이트로글리세린이 아무 효과도 내지 못할 수 있어.

미국의 연구 결과에 따르면, 어떤 치료제가 잘 듣는 사람(녹색)과 잘 듣지 않는 사람(회색)의 비율은 1:3에서 심하게는 1:24까지 치솟기도 하지. 즉 1명한테 잘 듣는 약물이 24명한테는 아무 효과가 없다는 뜻이야!

미국의 경우, 미국식품의약국(FDA)의 규정에 따라 치료제의 4분의 1은 사용되기 전에 유전자 검사를 받아야 해. 효과는 높이고 부작용은 줄이기 위해서야. 예를 들어 인류 최초의 저분자★ 표적치료제인 글리벡은 만성 골수 백혈병 치료의 특효약으로, 다른 종류의 백혈병에는 듣지 않지. 이 병의 원인은 '필라델피아 염색체 변이'라고 불리는 유전자변이거든. 따라서 이 약이 환자에게 듣는지 알려면 유전자검사를 해야 해.

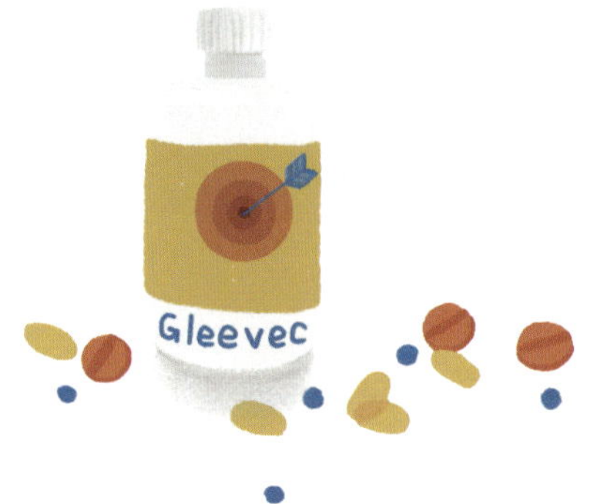


**정밀의료로 질병을 더 잘 치료할 수 있어.**
정밀의료는 아름답고 이상적인 미래의 기술로 세상을 혁명적으로 바꿀 거야. 하지만 현재의 과학 연구와 의료 수준으로는 아직 많은 아이디어를 완벽하게 실현할 수는 없어. 《서유기》 속 손오공 일행이 81개의 재난을 이겨내고 성장했듯이, 정밀의료는 많은 시련을 이겨내야 해.

★ **저분자** 분자량이 작은 유기 화합물을 가리킨다. 일반적으로 원자 수가 20~100개 사이이다.

의사, 과학자, 환자까지 모든 사람의 참여가 필요하지. 앞으로 이 혁명은 더 많은 사람들에게 도움을 줄 거야.

# 과학자의 해설

이번 장은 '정밀의료'의 개념을 깊이 있게 소개했습니다. 인간 유전체 프로젝트가 완성된 덕분에 생명과학 분야가 더 크게 발전했고, 그 덕택에 우리도 정밀의료 시대로 향하는 열차에 올라탈 수 있게 되었지요. 그뿐만 아니라 최근 몇 년 동안 기존 염기서열 분석법보다 분석 속도가 훨씬 빠른 HTS 기술이 발전하면서 이 열차에 날개를 달아 주었고, 우리는 정밀의료라는 목표에 한층 더 가까워지고 있습니다.

정밀의료 시대에는 현대유전학, 분자생물학, 생물정보학과 영상의학 등 기술과 도구로 환자의 유전적 배경과 질병의 특징을 확인하고, 환자의 생활환경이나 과거에 걸렸던 질병 기록과 병리학 등의 정보를 종합해 질병을 정밀하게 분류하며, 맞춤형 예방책과 치료 방안을 세울 수 있을 것입니다.

유명한 영화배우 앤젤리나 졸리(Angelina Jolie)는 유전자 검사와 가족들이 앓았던 질병 기록 등의 정보를 바탕으로 자신이 유방암과 난소암에 걸릴 위험성이 높다는 평가를 받았고, 이러한 사실을 알게 되자 예방을 위해 가슴과 난소를 과감히 제거해 병에 걸릴 위험성을 크게 낮췄습니다. 피부암의 일종인 흑색종이 뇌로 전이되는 병에 걸렸던 91세의 미국 전 대통령 지미 카터(Jimmy Carter)의 경우, 수술 및 방사선 요법과 면역치료 등을 포함한 여러 종류의 맞춤형 치료를 받은 후 기적처럼 몸속의 종양이 사라졌습니다.

이 두 이야기는 가장 대표적인 정밀의료의 맞춤형 예방과 치료 사례입니다. 그러나 이는 단지 시작일 뿐입니다. 앞으로 과학기술이 계속 발전함에 따라 더 많은 사람이 정밀의료 기술과 도구로 질병을 예방하고 치료하며 도움을 받을 것이라고 믿습니다.

샤오쉐위안(肖雪媛) 박사
베이징사범대학 생명과학대학 교수

번외편

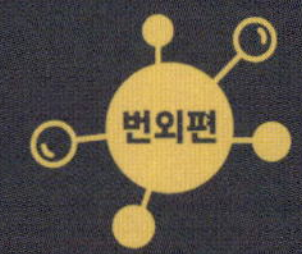

# 다시 만나기 위한 이별

이제 유전학 이야기는 끝났고,

이 이야기의 창작에 얽힌 알려지지 않은 이야기를 들려 줄게.

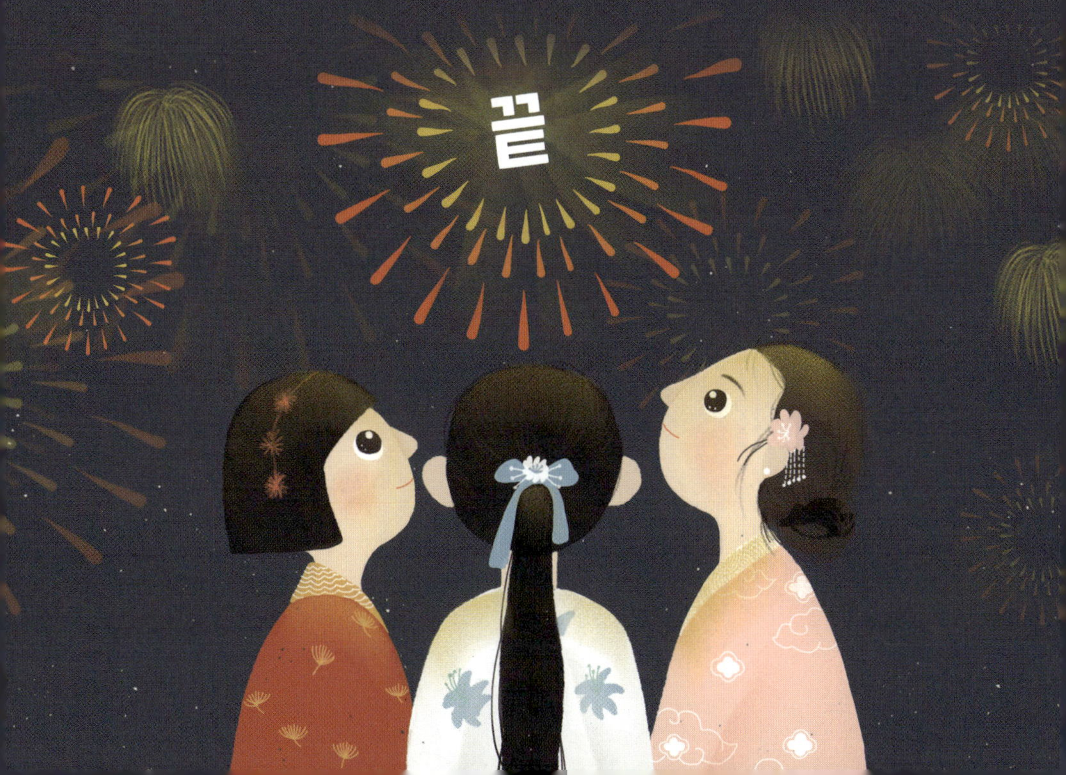

**총 기획:** 천이웨이(陳懿玮)(별명 '에코'), 독일 하이델베르크대학교에서 생물학 박사학위를 취득했으며, 10년 이상의 유전학·유전공학 연구 경험이 있어.

**글:** 천시(陳曦)(별명 '복슬복슬 양 c'), 홍콩침례대학교 응용생물학 석사, 경험이 풍부한 과학 작가이자 번역가야. 영국의 식물 작가 리처드 메이비(Richard Mabey)의《처음 읽는 식물의 세계사》를 중국어로 번역해 2015년에 중국 포털 사이트 시나(Sina) 선정 '올해의 10대 좋은 책'의 영예를 안았고, 그 외에도 다양한 분야에서 16개의 상을 탔어.

**그림:** 쉬원쥔(許文君)(별명 '쥔쥔'), 상하이대학교 애니메이션 전공, 'toid 예술가 그림책 전시회' 참가 경력을 가진 일러스트레이터야.

안녕 친구들! 유전공학 이야기는 전부 끝났어. 제1장부터 제18장에 이르는 다양하고 흥미진진한 이야기를 재미있게 읽었니? 우리가 이 책을 쓰는 동안 얼마나 괴로웠는지는 잘 몰랐을 거야.

또 우리가 밤을 새우고 다음 날 동이 틀 때까지 작업한 것도 몰랐겠지.

우리도 처음에는 사소한 부분 때문에 이렇게 많이 수정 작업을 하게 될 줄은 몰랐어.

길을 가다가 긴 머리를 나풀나풀 휘날리며 걷는 여자를 만나면 이렇게 물어봐 줘.

또 길을 가다가 패기 넘치는 당당한 여자를 만나면….

"혹시 당신은…."이라고 꼭 물어봐 줘.

만약 길을 가다가 이런 사람을 만나게 되면…….

아무것도 묻지 말고 그냥 길을 돌아 피해 가!

바로 이런 우리 세 사람이 '완두 프로젝트팀'을 결성해 이 책을 만들었어. 앎의 즐거움을 자극하고 이를 나누기 위해 '완두 학당'이라는 유전자 교양 과학 시리즈를 제작했고, 멘델의 완두 실험에서 정밀의료에 이르는 열여덟 편의 이야기를 통해 유전학의 가장 중요한 사건을 독자 여러분과 함께 되돌아보았어.

이제 이 책에 등장하는 깜찍한 박테리오파지와 초파리, 강호의 영웅과 우리의 스타 복제 양 돌리처럼 귀여운 캐릭터와 그밖에 이름 없는 수많은 캐릭터에게 손을 흔들며 작별 인사를 해야 할 시간이 되었어.

맞아, 우리도 친구들처럼 작별 인사를 하게 되어 아주 섭섭해. 그렇지만 더 좋은 시작을 위한 작별 인사니까 마음을 추스르고, 더 많은 유전학책으로 다시 만나게 되기를 바라!

상하이의 평범한 교사 집안에서 태어난 내게 부모님이 건 기대는 오로지 건강하고 즐겁게 자라나는 것이었다. 그런 내 기억 속 어린 시절은 책과 관련된 것이 많다. 부모님은 일로 바쁘셨지만, 책이 곁에 있어 나는 전혀 외롭지 않았다. 모처럼 휴일이 되어 부모님과 놀러 가도 나는 서점에 틀어박혀 책을 읽느라 요지부동이었다. 세상과 동떨어진 호숫가 오두막 서재에서 매해 겨울잠을 자듯 '겨울 독서 기간'을 보내는 꿈을 꾸기도 했다.

내가 읽는 책 속에는 동화에나 등장하는 황금으로 만든 집도, 보석을 깎아 만든 듯한 미인도 없었지만 어린 내가 아직 발 디뎌 보지 못한 거대한 세상, 직접 겪어보지 못한 과거, 그리고 미래가 있었다. 그 시절의 내가 빠져 있었던 것은 책 그 자체가 아니라 세상의 본질과 생명의 의미를 탐구하는 일이었다.

18살이 되던 해에 나는 푸단대학교 의대 입학을 포기하고, 그해의 중국 내륙 우수 학생으로 선정되어 생명을 탐구하는 학문을 공부하기 위해 홍콩중문대학교 생물화학과에 입학했다. 분자 복제를 처음 마쳤을 때의 두근거림, 첫 형질전환 초파리를 만들어냈을 때의 자랑스러움, 내 이름을 딴 항체가 세상에 등장했을 때의 보람, 전 세계 과학자들이 내가 직접 설계한 바이러스 숙주를 사용했을 때의 만족감, 대를 이어 유전자 발현을 조절할 수 있는 형질전환 생쥐를 만들어 과학의 공백을 메꿨을 때의 감격스러움이 아직도 생생히 기억난다.

아시아에서 가장 아름다운 홍콩중문대학 캠퍼스에서 괴테의 마음을 사로잡은 독일 하이델베르크대학교로, 거기서 또 분자생물학의 '성지'로 불리는 미국의 콜드 스프링 하버 연구소(Cold Spring Harbor Laboratory)로 옮기기까지,

나는 생명과학의 최고봉을 등반하며 박사 학위까지 취득했고, 그 과정에서 아름다운 추억도 많이 만들었다. 내가 가장 좋아하는 '만 권의 책을 읽는 것보다 만 리의 길을 걷는 것이 낫다'라는 격언은 내 인생의 전반부 중 30년을 가장 잘 설명해 준다.

2013년에 귀국한 후, 나는 세계적으로 유명한 신약 개발회사에서 희귀질환 치료제 연구 개발 프로젝트를 담당했다. 난치병이라고도 불리는 희귀질환은 대부분 유전자 결함 때문에 생기며, 중국에만 1,600만 명 이상의 희귀질환 환자가 있고 대부분은 어린이다. 대다수의 희귀질환 환자는 의사도 약도 소용없고, 의지할 곳도 없고, 설령 치료제가 있더라도 의료보험 혜택을 받지 못하는 어려운 상황에 놓여 있다. 이때 처음으로 중국의 희귀질환 환자들의 상황을 속속들이 알게 된 나는 깊은 마음의 울림을 느꼈다.

그 후 얼마 지나지 않아 엄마가 된 나는 6개월이라는 긴 시간 동안 고민에 고민을 거듭했다. '어떻게 하면 좋은 엄마가 될 수 있을까?' 물질적으로 풍족하게 해 줘야 할까? 엘리트 교육을 시켜야 할까? 그것도 아니라면 아이와 함께 세계를 여행하며 둘도 없는 동반자가 되어 주면 어떨까? 전부 정답이 아닌 것 같았다. 한 인간이 어떻게 진정으로 의미 있는 삶을 살고, 세상을 떠날 때 후회를 남기지 않을 수 있는지 내 삶을 통해 실천과 행동으로 아이에게 보여 주고 싶었다.

나는 언제나 내가 행운아라고 생각해 왔다. 18살에 국비 유학생이 되어 전액 장학금을 받고 박사학위까지 취득하고, 지혜의 등대처럼 내 인생을 밝게 비춰 주는 좋은 스승과 벗을 많이 사귄 것을 보면 그렇다. 하지만 운명은 아무 이유 없이 누군가를 이토록 살뜰히 보살펴주지 않는다. 그래서 분명히 내가 완수해야만 하는 어떤 사명이 나를 기다리고 있으리라 생각했다.

나는 안정적인 일자리와 편안한 생활을 버리고 이 사명을 완수하기로 마음먹었다. 수십여 년간 내가 익히고 쌓아온 유전학 지식을 세상과 나누고, 필요한 사람을 돕기로 한 것이다.

그렇게 나는 '둘째 아이', 즉 유전학과 희귀질환에 관한 과학 지식을 알리는 교양 과학 플랫폼 '완두 씨'를 품게 되었다. 2016년 8월 5일, 지식 칼럼 '완두 학당'의 첫 번째 만화 〈한 알의 완두로 할 수 있는 일〉이 세상에 나왔다. 우리는 겨우 9칸짜리 만화를 만들고 수정하는 데 무려 한 달이라는 시간을 들였다. 첫 번째 만화가 공개되자마자 호평이 줄을 잇고, 내 주변의 많은 전문가들도 좋은 평가와 칭찬을 보내 주어 기뻤다. 물론 어떤 사람들은 좋은 마음에서 이런 조언도 했다. 만화는 너무 품이 많이 들기 때문에 계속 이어 나가기 어려우니 빨리 포기하라고.

그렇지만 많은 사람의 기대를 저버릴 수는 없었다! 버틸 수 있을 때까지 버티고 할 수 있을 때까지 해 보자고 생각했다. 그렇게 버티다 보니 뜻하지 않게 작은 목표를 이룰 수 있었다. 멘델부터 오바마까지, 유전학 역사의 가장 중요하고, 이정표가 되는 사건을 되짚은 18편짜리 기초 교양 과학 시리즈 '완두 학당'을 완성해 앎의 즐거움과 행복을 나눌 수 있게 된 것이다!

완두 씨를 사랑하는 사람들을 얻게 되어 기쁘다. 나는 내 일을 하면서 우리 플랫폼에 접속해 사람들과 어울리기를 즐긴다. 서로 시시콜콜하게 수다를 떨 때도 있고, 질문을 받고 당황할 때도 있지만, 깊이 있고 반짝이는 영감을 받을 때가 훨씬 많다. 그 후 나처럼 교양 과학 교육에 열정을 가진 선생님들과 사귀게 되면서 함께 힘을 모아 '완두 아카데미'를 세워 '완두 학당'의 콘텐츠로 교재를 만들어 교실 현장에 재미난 지식을 전달할 수 있었다.

그리고 '책의 향기 기금'의 선생님이 '완두 학당'의 콘텐츠를 책으로 펴내자고 제안하셨고, 이 덕분에 완두 씨는 가상의 세계에서 나와 더 많은 사람에게 즐거움과 지식을 나눌 수 있게 되었다.

1년이라는 긴 시간 동안 열심히 준비한 끝에 드디어 잉크 향기를 품은 책으로 여러분과 만나게 되었다. 동서고금을 막론하고 해박한 지식을 자랑하는 교양 과학 전문가 '복슬복슬 양 c'와 블랙홀보다 거대한 상상력의 소유자인 일러스트레이터 '쥔쥔', 이 자리를 빌려 제작 작업에 참여해 준 두 친구에게 특별한 감사의 말을 전한다. 또 바쁘신 가운데서도 '완두 학당'을 검토하고 교정해 주신 18명의 전문가들, 공익 활동 파트너인 '질병과의 투쟁 재단', '텐센트 공익', 그리고 런민유뎬출판사의 장샤 편집자 등 이 책이 출판될 수 있도록 애써 준 관계자 여러분에게 감사의 말을 전하고 싶다.

급속히 발전한 유전학에도 고맙다는 생각이 든다. 유전학은 나를 비롯한 과학자들에게 생명을 바꾸는 대단한 능력을 선사했다. 과학자들은 초파리에서 SARS(중증 급성 호흡기 증후군) 바이러스가 병을 일으키는 원인을 찾아냈고, 닭의 배아로 시신경의 활동 과정을 연구했으며, 인간 세포에서 HIV(인간 면역 결핍 바이러스)의 감염 원리를 탐구했고, 생쥐의 뇌로 기억력과 학습 능력의 형성 기제를 찾아냈다. 이처럼 과학자들은 생명의 변화에서 실마리를 찾아, 생명의 신비를 샅샅이 파헤침으로써 인간의 건강을 개선할 수 있는 가능성을 손에 쥐게 되었다.

수없이 많은 깊은 밤 동안 나는 실험실에서 묵묵히 생명과 마주했고, 또 수없이 많은 순간에 불가사의한 생명의 아름다움에 깊이 탄복했다. 독자 여러분에게도 과학이 더 이상 머나먼 것이 아니기를, 더 많은 사람들이 함께 생명의 경이로움을 느낄 수 있기를 바란다.

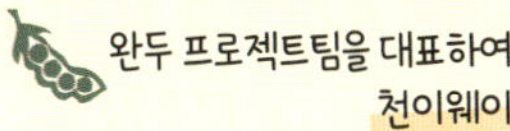

# 중학생의 유전학은 다르다

**초판 1쇄 발행** 2025년 3월 31일

**지은이** 완두 프로젝트 팀
**옮긴이** 이신혜

**펴낸이** 金昇芝
**편집** 김도영
**디자인** 권다온

**펴낸곳** 블루무스
**전화** 070-4062-1908
**팩스** 02-6280-1908
**주소** 경기도 파주시 경의로 1114 에펠타워 406호
**출판등록** 제2022-000085호
**이메일** bluemoose_editor@naver.com
**인스타그램** @bluemoose_books

ISBN 979-11-93407-31-8 (43470)